煤炭传奇

MEITAN CHUANQI

— 王润福　主编 —

地质出版社
·北京·

内 容 简 介

煤炭作为人类最早使用的化石能源，促进了第一次工业革命的发展，使人类社会步入了真正文明时代。煤炭也是我国一次能源的主体，特别是在新中国成立以后一直到改革开放相当长的时间里，煤炭工业承载了经济发展、社会进步和民族振兴的多重历史责任，发挥了不可磨灭的作用。

本书以煤炭为主题，穿插相关人文事件、科技发展史、哲学故事等，全面介绍了煤炭的组成元素——碳，成煤期，成煤作用，煤炭的分布及赋存，煤炭的早期利用，煤炭开采技术，煤炭污染，煤炭综合利用，煤炭的储量和勘探，煤炭的分类和质量，硅化木和煤的伴生矿，中国煤炭兴衰历程。

本书是一本以人文情怀、哲学联想、辩证推演为基调的科普读物，可供大众参考阅读。

图书在版编目（CIP）数据

煤炭传奇 / 王润福主编． -- 北京 ：地质出版社，2016.5（2020.7 重印）

ISBN 978-7-116-09694-3

Ⅰ．①煤… Ⅱ．①王… Ⅲ．①煤炭－普及读物 Ⅳ.①TD94-49

中国版本图书馆CIP数据核字(2016)第096188号

Meitan Chuanqi

责任编辑：	肖莹莹
责任校对：	张 冬
出版发行：	地质出版社
社址邮编：	北京海淀区学院路31号，100083
咨询电话：	(010) 66554571（编辑室）
网 址：	http://www.gph.com.cn
传 真：	(010) 66554576
印 刷：	三河市人民印务有限公司
开 本：	787mm×960mm 1/16
印 张：	11.75
字 数：	300千字
版 次：	2016年5月北京第1版
印 次：	2020年7月河北第3次印刷
定 价：	68.00元
书 号：	ISBN 978-7-116-09694-3

《煤炭传奇》编委会

序言

PREFACE

　　得益于蒸汽机的发明，煤从取暖燃料晋升为动力源泉，牵引人类社会进入工业文明。随着直流发电机的问世，煤又实现了从热能向电能的惊世一变，电气时代从此照亮人类文明。曾几何时煤是"黑色的金子""工业的食粮"，然而今天"燃煤的烟筒"让人联想到污染，昔日的"煤老虎"也有点"英雄气短"。煤这种被中国人使用了上千年的化石燃料，难道就要这样退出历史舞台？

　　曾经的煤炭能源大省山西，顺应新时代发展要求，落实党中央战略部署，制订了不当"煤老大"，争当能源革命"排头兵"的转型发展重大战略思路，这是山西能源领域一场全方位、深层次、历史性的革命。我们必须义无反顾、以更大的决心和勇气实现这个战略转变，打造全国能源革命"排头兵"，不断深化能源供给侧结构性改革，统筹推进能源消费革命、供给革命、技术革命和体制革命"四个革命"和"一个合作"，在全国率先破题，发挥引领作用。

既是能源革命"排头兵"，山西的能源基础是什么？仍然非煤炭莫数。不论是煤层气、还是煤化工，甚至关井压产优化产能的对象都离不开煤炭这一基础能源。谁也无法否认，今天人类已经再度处于新的能源革命的前夜，这会是一场以煤和石油为代表的化石能源的减量革命，同时也是一场化石能源本身的绿色化革命。燃煤二氧化碳资源化利用课题，如今在国内外都被高度重视起来。一旦形成突破，"碳基文明"或许就能摆脱碳排放造成全球变暖的拖累，为人类文明进化作出新的贡献。"但愿苍生俱饱暖，不辞辛苦出山林"，这句今天常被用来形容心忧苍生、公而忘私精神的诗句，所描写的原型其实正是煤。烧煤的时代逐渐远去，然而煤或许还不会因此而过时。"爝火燃回春浩浩，洪炉照破夜沉沉"，煤奉献自己、温暖别人的高尚品格，未来会有新的延续。厚植创新的根基，让高碳能源低碳化、黑色煤炭绿色化，不仅煤可以完成命运救赎，中国发展也会迎来又一次进步契机。

　　我们要义无反顾地不当"煤老大"，彻底丢掉"煤老大"的惯性思维，坚定担当起"打造能源革命排头兵"的历史使命，让山西资源型经济转型发展全面破题、走在前列，为整个资源型地区经济转型发展贡献山西智慧。实现煤的干净利用，赋予煤更多工业价值，煤的黄金时代就远没有结束

　　以上是本书给我的点滴启示，不免偏于一家之言。姑且备此一格为序，引以共鸣。

2018 年 5 月 18 日

目 录

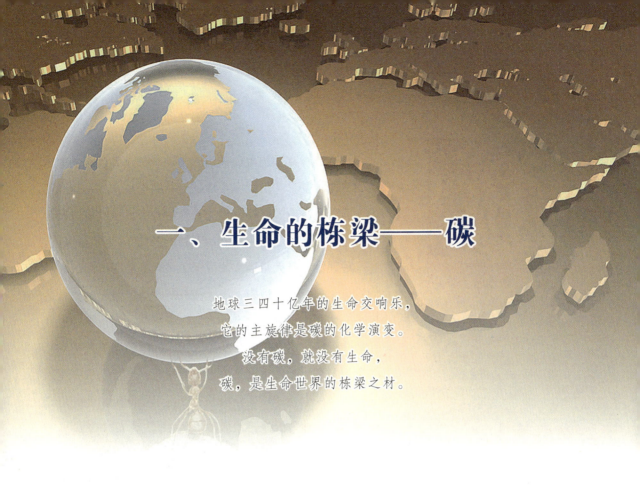

一、生命的栋梁——碳

地球三四十亿年的生命交响乐，
它的主旋律是碳的化学演变。
没有碳，就没有生命，
碳，是生命世界的栋梁之材。

我们来自何方？将去往何处？

从远古的蛮荒直至今天的文明，这种疑问始终与人类相伴相随。几乎每一个人，在他有限的一生之中，或多或少都给过类似的问题以思考的时间。或许因为，对于绝大多数人来说，这类思考不能解决任何实际问题，而流于一时无所事事的灵光乍现。所以迄今为止，有关生命的来源，我们仍然知之甚少。

尽管步履艰难，但我们从来没有气馁，我们对未知的领域一如既往地充满好奇。人类的目光闪动出智慧的灵光，日趋深邃。黑夜给了我们黑色的眼睛，我们却用它寻

失乐园

犹太教《旧约》和基督教《圣经》认为，人类起源于上帝之子的一次错误行为。图为亚当、夏娃偷食禁果后被赶出了伊甸园。

找光明。

正是这种富于想象和探索的精神，使人类有别于地球上的其他物种，并借此牢牢地统治着这个星球。一些杰出的人群，凭着他们坚持不懈的勇气和毅力，慢慢将这疑问推向越来越远的边界，朝着我们希望找到的答案步步逼近。有一种理论，以大量翔实的证据、多彩多姿的图画，为我们讲述了一个气势恢宏、源远流长的故事。迫于腐朽教会扼杀一切新生事物的强大势力，作者讳莫如深，但经过几百年的流传，这个故事已经深入人心，同时也为人类揭示生命起源这一千古之谜带来了一线曙光。"我是从哪里来的？"当一个孩子用他稚嫩的童音发出疑问时，他的母亲会毫不犹豫地告诉他："从猴子变来的"。

达尔文的贡献在于，他为我们这个星球上的生命搭建起一个似真似幻的舞台，使一切生命在残酷的食物链上固守着相对独立的位置，生生灭灭。

人类进化示意图

1842 年，英国生物学家查尔斯·罗伯特·达尔文第一次写出《物种起源》的简要提纲，1859 年 11 月正式出版。在这部书里，达尔文旗帜鲜明地提出了"进化论"的思想，说明物种是在不断地变化之中，是由低级到高级、由简单到复杂的演变过程。这部著作的问世，第一次把生物学建立在完全科学的基础上，以全新的生物进化思想，推翻了"神创论"和物种不变的理论，在欧洲乃至整个世界都引起了轰动，沉重地打击了神权统治的根基。

至此，关于生命，我们似乎已经知道了许多，甚至坚信已经找到了最终的答案，而实际上，我们知道的依然少得可怜。

我们的祖先真的是原始森林里的一只猴子吗？为什么不是蹦跳于水陆之间的一只青蛙或是畅游于碧波中的一条小鱼呢？就算这一切都是真的，那么猴子、青蛙和那条小鱼之前呢？敢于向主流权威发起挑战，证明你的一只脚已经跨入智者的行列，最起码你找到了一把开启秘密之门的钥匙。遗憾的是，这里没有比 1859 年出版的《物种起源》更合理更通畅的解释。我只能引导着你，把目光继续朝过去推进。

1794 年 5 月 8 日的早晨，当朝阳染红塞纳河两岸的时候，法国科学院的拉瓦锡教授，被高呼着"共和国不需要学者，只需要为国家采取的正义行动！"的法国革命者们推上了断头台。临行前，拉瓦锡泰然自若地和刽子手约定：头被砍下后，他将尽可能多地眨眼，以此来确定头砍下后是否还有感觉。拉瓦锡的眼睛一共眨了十五次，这是他最后的研究。给拉瓦锡带来杀身之祸的原因，表面上看，

达尔文

查尔斯·罗伯特·达尔文，英国生物学家，进化论的奠基人，出版《物种起源》这一划时代的著作，提出了生物进化论学说，从而摧毁了各种唯心的神造论和物种不变论。它曾说过："就我记得的我在学校时期的性格来说，其中对我后来发生影响的就是：我有强烈的多样的趣味，沉溺于自己感兴趣的东西，深喜了解任何复杂的问题和事物。"图为神创者调侃达尔文。

拉瓦锡纪念币

安托万–洛朗·拉瓦锡，法国著名化学家，近代化学的奠基人之一，"燃烧的氧学说"的提出者。1743 年 8 月 26 日生于巴黎，因其包税官的身份在法国大革命时的 1794 年 5 月 8 日于巴黎被处死。拉瓦锡与他人合作制定出化学物种命名原则，创立了化学物种分类新体系。拉瓦锡根据化学实验的经验，用清晰的语言阐明了质量守恒定律和它在化学中的运用。这些工作，特别是他所提出的新观念、新理论、新思想，为近代化学的发展奠定了重要的基础，因而后人称拉瓦锡为近代化学之父。拉瓦锡之于化学，犹如牛顿之于物理学。

金刚石结构图

这是最为坚固的一种碳结构，其中的碳原子以晶体结构的形式排列，每一个碳原子与另外四个碳原子紧密键合，呈空间网状结构，最终形成了一种硬度大、活性差的固体——金刚石。

是他为民众所切齿痛恨的包税官身份，而真正的根源却是他令同行们深深嫉妒着的科学才能。著名的法籍意大利数学家拉格朗日痛心地说："他们可以一眨眼就把他的脑袋砍下来，但他那样的头脑一百年也再长不出来一个了。"

拉瓦锡是位划时代的科学巨人。他的《燃烧概论》系统地阐述了燃烧的氧化学说，扫清了燃素说的影响，化学自此切断与古代炼丹术的联系，揭掉神秘和臆测的面纱，确立了科学实验和定量研究。而使拉瓦锡名留青史的，是他把《化学概要》这部著作留给了我们。这一杰作的问世，标志着现代化学的诞生，使他当之无愧地成为近代化学的奠基人之一。在此书中，他历史性地第一次开列出化学元素的准确名称，将化学方面所有处于混乱状态的发明创造整理得有条有理。他说："如果元素表示构成物质的最简单组分，那么目前我们可能难以判断什么是元素；如果相反，我们把元素与目前化学分析最后达到的极限概念联系起来，那么，我们现在用任何方法都不能再加以分解的一切物质，对我们来说，就算是元素了。"虽然有点啰嗦，但这是建立在科学实验基础之上元素的最初概念，它拉开了近代化学历史的序幕。拉瓦锡的

库利南1号钻石

1905年1月25日，来自英国约翰内斯堡的建筑承包商托马斯·库利南，在南非普里米亚矿发现了一块重达3106克拉的巨大金刚石——库利南钻石。它不仅是世界上最大的钻石，也是最尊贵的钻石，堪称名钻中的名钻。库利南被劈开后，由三个熟练的工匠每天工作14小时，琢磨了8个月，一共磨成了9粒大钻石和96粒小钻石，9粒大钻石全部归英国王室所有。其中享有"世纪之最"美誉的是"库利南1号"，又称"非洲之星"，重达530.2克拉。这颗有74个折射面的"库利南1号"钻石仍是世界上最大的切割成型的钻石。英国王室为显示其权势，将这颗巨钻镶嵌在1661年制作的象征英王权势的权杖上。

元素周期表

原子序数 — 92
元素符号，红色指放射性元素 — U
元素名称，注 * 的是人造元素 — 铀
外围电子层排布，括号指可能的电子层排布 — $5f^36d^17s^2$
相对原子质量（加括号的数据为该放射性元素半衰期最长同位素的质量数） — 238.0

非金属　金属　过渡元素

族 / 周期	IA 1	IIA 2	IIIB 3	IVB 4	VB 5	VIB 6	VIIB 7	VIII 8	VIII 9	VIII 10	IB 11	IIB 12	IIIA 13	IVA 14	VA 15	VIA 16	VIIA 17	0 18	电子层	0族电子数
1	1 H 氢 $1s^1$ 1.008																	2 He 氦 $1s^2$ 4.003	K	2
2	3 Li 锂 $2s^1$ 6.941	4 Be 铍 $2s^2$ 9.012											5 B 硼 $2s^22p^1$ 10.81	6 C 碳 $2s^22p^2$ 12.01	7 N 氮 $2s^22p^3$ 14.01	8 O 氧 $2s^22p^4$ 16.00	9 F 氟 $2s^22p^5$ 19.00	10 Ne 氖 $2s^22p^6$ 20.18	L K	8 2
3	11 Na 钠 $3s^1$ 22.99	12 Mg 镁 $3s^2$ 24.31											13 Al 铝 $3s^23p^1$ 26.98	14 Si 硅 $3s^23p^2$ 28.09	15 P 磷 $3s^23p^3$ 30.97	16 S 硫 $3s^23p^4$ 32.06	17 Cl 氯 $3s^23p^5$ 35.45	18 Ar 氩 $3s^23p^6$ 39.95	M L K	8 8 2
4	19 K 钾 $4s^1$ 39.10	20 Ca 钙 $4s^2$ 40.08	21 Sc 钪 $3d^14s^2$ 44.96	22 Ti 钛 $3d^24s^2$ 47.87	23 V 钒 $3d^34s^2$ 50.94	24 Cr 铬 $3d^54s^1$ 52.00	25 Mn 锰 $3d^54s^2$ 54.94	26 Fe 铁 $3d^64s^2$ 55.85	27 Co 钴 $3d^74s^2$ 58.93	28 Ni 镍 $3d^84s^2$ 58.69	29 Cu 铜 $3d^{10}4s^1$ 63.55	30 Zn 锌 $3d^{10}4s^2$ 65.41	31 Ga 镓 $4s^24p^1$ 69.72	32 Ge 锗 $4s^24p^2$ 72.64	33 As 砷 $4s^24p^3$ 74.92	34 Se 硒 $4s^24p^4$ 78.96	35 Br 溴 $4s^24p^5$ 79.90	36 Kr 氪 $4s^24p^6$ 83.80	N M L K	8 18 8 2
5	37 Rb 铷 $5s^1$ 85.47	38 Sr 锶 $5s^2$ 87.62	39 Y 钇 $4d^15s^2$ 88.91	40 Zr 锆 $4d^25s^2$ 91.22	41 Nb 铌 $4d^45s^1$ 92.91	42 Mo 钼 $4d^55s^1$ 95.94	43 Tc 锝 $4d^55s^2$ [98]	44 Ru 钌 $4d^75s^1$ 101.1	45 Rh 铑 $4d^85s^1$ 102.9	46 Pd 钯 $4d^{10}$ 106.4	47 Ag 银 $4d^{10}5s^1$ 107.9	48 Cd 镉 $4d^{10}5s^2$ 112.4	49 In 铟 $5s^25p^1$ 114.8	50 Sn 锡 $5s^25p^2$ 118.7	51 Sb 锑 $5s^25p^3$ 121.8	52 Te 碲 $5s^25p^4$ 127.6	53 I 碘 $5s^25p^5$ 126.9	54 Xe 氙 $5s^25p^6$ 131.3	O N M L K	8 18 18 8 2
6	55 Cs 铯 $6s^1$ 132.9	56 Ba 钡 $6s^2$ 137.3	57~71 La~Lu 镧系	72 Hf 铪 $5d^26s^2$ 178.5	73 Ta 钽 $5d^36s^2$ 180.9	74 W 钨 $5d^46s^2$ 183.8	75 Re 铼 $5d^56s^2$ 186.2	76 Os 锇 $5d^66s^2$ 190.2	77 Ir 铱 $5d^76s^2$ 192.2	78 Pt 铂 $5d^96s^1$ 195.1	79 Au 金 $5d^{10}6s^1$ 197.0	80 Hg 汞 $5d^{10}6s^2$ 200.6	81 Tl 铊 $6s^26p^1$ 204.4	82 Pb 铅 $6s^26p^2$ 207.2	83 Bi 铋 $6s^26p^3$ 209.0	84 Po 钋 $6s^26p^4$ [209]	85 At 砹 $6s^26p^5$ [210]	86 Rn 氡 $6s^26p^6$ [222]	P O N M L K	8 18 32 18 8 2
7	87 Fr 钫 $7s^1$ [223]	88 Ra 镭 $7s^2$ [226]	89~103 Ac~Lr 锕系	104 Rf 𬬻* $(6d^27s^2)$ [261]	105 Db 𬭊* $(6d^37s^2)$ [262]	106 Sg 𬭳* [266]	107 Bh 𬭛* [264]	108 Hs 𬭶* [277]	109 Mt 鿏* [268]	110 Ds 𫟼* [281]	111 Rg 𬬭* [272]	112 Uub * [285]	……							

镧系	57 La 镧 $5d^16s^2$ 138.9	58 Ce 铈 $4f^15d^16s^2$ 140.1	59 Pr 镨 $4f^36s^2$ 140.9	60 Nd 钕 $4f^46s^2$ 144.2	61 Pm 钷 $4f^56s^2$ [145]	62 Sm 钐 $4f^66s^2$ 150.4	63 Eu 铕 $4f^76s^2$ 152.0	64 Gd 钆 $4f^75d^16s^2$ 157.3	65 Tb 铽 $4f^96s^2$ 158.9	66 Dy 镝 $4f^{10}6s^2$ 162.5	67 Ho 钬 $4f^{11}6s^2$ 164.9	68 Er 铒 $4f^{12}6s^2$ 167.3	69 Tm 铥 $4f^{13}6s^2$ 168.9	70 Yb 镱 $4f^{14}6s^2$ 173.0	71 Lu 镥 $4f^{14}5d^16s^2$ 175.0
锕系	89 Ac 锕 $6d^17s^2$ [227]	90 Th 钍 $6d^27s^2$ 232.0	91 Pa 镤 $5f^26d^17s^2$ 231.0	92 U 铀 $5f^36d^17s^2$ 238.0	93 Np 镎 $5f^46d^17s^2$ [237]	94 Pu 钚 $5f^67s^2$ [244]	95 Am 镅* $5f^77s^2$ [243]	96 Cm 锔* $5f^76d^17s^2$ [247]	97 Bk 锫* $5f^97s^2$ [247]	98 Cf 锎* $5f^{10}7s^2$ [251]	99 Es 锿* $5f^{11}7s^2$ [252]	100 Fm 镄* $5f^{12}7s^2$ [257]	101 Md 钔* $(5f^{13}7s^2)$ [258]	102 No 锘* $(5f^{14}7s^2)$ [259]	103 Lr 铹* $(5f^{14}6d^17s^2)$ [262]

注：

相对原子质量录自2001年国际原子量表，并全部取4位有效数字。

人民教育出版社化学室

元素周期表

1869 年，俄国化学家德米特里·伊万诺维奇·门捷列夫根据元素周期律编制出了第一个元素周期表，把已经发现的 63 种元素全部列入表里，从而初步完成了使元素系统化的任务。他还在表中留下空位，预言了类似硼、铝、硅的未知元素的性质，并指出当时测定的某些元素原子量的数值有错误。这张表揭示了物质世界的秘密，把一些看来似乎互不相关的元素统一起来，组成了一个完整的自然体系。它的发明，是近代化学史上的一个创举，对于促进化学的发展，起了巨大的作用。随着科学的发展，元素周期表中未知元素留下的空位先后被填满。当原子结构的奥秘被发现时，编排依据由相对原子质量改为原子的核电荷数，形成现行的元素周期表。

元素表，只列出三十几种物质，这使得我们不必耗费太多的神思，就能领略到他的伟大之处。而碳，作为一种基本的非金属元素，也赫然在列。它在拉瓦锡神灵的光环照耀之下，像钻石般光芒四射。

　　事实上，正是拉瓦锡利用燃烧的火焰，发现了构成钻石（矿物名称：金刚石）的基本成分：碳。金刚石，其本质就是自然形成的、纯净的、单质状态的碳。它是目前为止人类发现的最坚硬的石头，绝对硬度是石英的 1000 倍，刚玉的 150 倍。因为稀少，所以珍贵。一粒小小的石头，承载了人类多少美好的愿望。如果我们，哪怕用几分钟的时间，了解它几乎和地球一样古老沧桑，用心感受它在烈焰、高压、缺氧环境下所经历的一切，就会明白其所以永恒的意义，就会明白其勇敢、权力、地位、爱情、忠贞，凡此种种尊贵的气质，绝非浪得虚名。

钻木取火

　　人工取火是一个了不起的发明。从那时候起，人们就随时可以吃到烧熟的东西。

　　我们不必徒劳地深究钻石内部那牢不可破的立方结构，因为以现有人工力量合成的类似金刚石的东西，可以说是一钱不值。造化的力量深不可测，远非人力所能企及。它曾给予另外一些碳元素以几近同等的礼遇，却始终因为温度、压力稍逊一筹不能历练成为钻石，而只能形成钻石的同素异形体——石墨，一种被视为我们这颗星球上最柔软的石头。无需为大自然的厚此薄彼耿耿于怀，你只要知道这两种物质——金刚石（经过琢磨的金刚石称为钻石）和石墨，都是最纯洁的碳单质，也就足够了。"钻石恒久远，一颗永流传。"让我们怀揣一颗钻石般纯净、刚毅的心灵，抛开所有贪婪的占有欲和尊贵的幻想，继续向更远的过去迈进吧。

　　将历史的镜像缓缓拉近，你会发现越来越多被经世尘埃封盖着的人类文明的痕迹。那一天，一群饥肠辘辘的远古人类，虚弱而惊恐地相互搀扶着走出山洞。他们赤身裸体，蓬头垢面，被洞外的山火熏烤了几个昼夜的双眼布满血丝。那时候的人类还没有时间概念，但他们知道，山洞里储藏的食物已经所剩无几。饥饿驱使他们离开洞穴，勇敢地面对现在最凶险的敌人、将来注定要成为人类朋友的大自然的精灵——火。山火吞噬了大片林木，仍在远处熊熊燃烧，四周的土地一片焦黑，空气中弥漫着呛鼻的浓烟。这时，一缕从未闻到过的香味飘进他们的鼻孔。顺着香味，他们找到一只烤熟的兔子。啃一口尝尝，他们发现，烤熟的肉食味道比生吃好上许多。于是，人类终于艰难地摆脱了对火的恐惧，慢慢学会了如何保存它、控制它，并用它烧制出熟的食物。此后，在人类的生活中，火所起的作用越来越明显。自然地，与火相关的许多秘密，也越来越多地被人类揭示出来。我们的祖先发现，燃烧过的树枝会变脆变黑。尽管他们还不知道那就是木炭，可他们注意到：这种黑乎乎的东西不仅可以再次燃烧，而且用它将身体涂黑之后，可以轻而易举地迷惑其他动物，使得自己在躲避猛兽侵害的同时，也使同类的狩猎活动变得更有技巧、更有效。

原始地球

　　水是原始大气的主要成分，原始地球的地表温度高于水的沸点，所以当时的水都以水蒸气的形态存在于原始大气之中。地表不断散热，水蒸气被冷却又凝结成水。以后地球内部温度逐渐降低，大约于4千亿年前地面温度终于降到沸点以下，于是倾盆大雨从天而降，降落到地球表面低凹的地方，就形成了原始江河、湖泊和海洋。

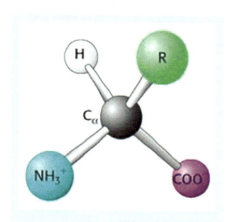

氨基酸分子结构示意图

氨基酸是含有氨基和羧基的一类有机化合物的通称。它是生物功能大分子蛋白质的基本组成单位，是构成动物营养所需蛋白质的基本物质。它赋予蛋白质特定的分子结构形态，使它的分子具有生化活性。蛋白质是生物体内重要的活性分子，包括催化新陈代谢的酶。氨基连在 α－碳上的为 α－氨基酸。组成蛋白质的氨基酸均为 α－氨基酸。

毫无疑问，这是一幅臆想的图画，明显有许多值得推敲的地方。我无意与谁争辩，也无意证明这臆想的真实性，只是想努力说明一个事实：碳是组成生命必不可缺的元素。是的，发现碳的精确日期已无从考证，不过可以肯定的是，它要比发现钻石的日子遥远得多。可以这么说，人类在地球上出现之初，就和碳有了接触，在学会引火之后，碳就成为人类永久的"伙伴"了。这也是为什么没有人对拉瓦锡把碳列入他的元素表，感到丝毫意外的原因。

说了这么多，碳与生命究竟有什么样不可分割的联系呢？生命最原始的形态到底是个什么样子？为什么说没有碳就没有生命呢？回答这些问题之前，还是先请你随我到地球形成的起点去看看吧，到时候你自然会明白。答案就在那里。

最初，我们拥有的这颗行星，是一个燃烧着冲天烈焰的巨大火球。可相对浩渺无极的宇宙，它只不过是毫不起眼的一小团星云。大量的氦、氢的混合物质将这种燃烧持续了几百万年，直至外围的可燃物消耗殆尽。温度不断降低，原先炽热的流体逐渐凝固成一圈薄薄的岩石，覆盖于地球表面。没有燃烧掉的物质，其中就有碳，以各种化合物的形态，保留在这层坚硬的外衣之中。紧接着，大雨倾盆而下。此时的地球雾气蒸腾、黑云罩顶，无尽的黑暗是她的主宰。

其后的几百万年间，大雨一直下个不停，无休无止地冲刷着这颗毫无生气的星体。地球表面的温度进一步被消耗，使得雨水在与岩石接触之时，没有像前期那样被立即蒸发掉，而有可能汇聚成流。这些酸性极强的水流，携带着从质地紧密的花岗岩中剥离出来的矿物质，顺着纵横交错的沟壑向低洼处聚集。

最后云开雾散，雨过天晴，一轮红日喷薄而出。遍布这颗星球上的无数小水洼逐渐连通，扩展成为地球的原始海洋。

无数个昼夜过去了，随波漂荡的碳原子决定不再忍受孤独，开始彼此亲近。这些原始大气中的碳原子在地球聚集能、大气电离能、宇宙射线能能量的激发下，它们手拉手、肩并肩，三三两两先组合成一节节较小的碳链。然后，这些小小的碳链

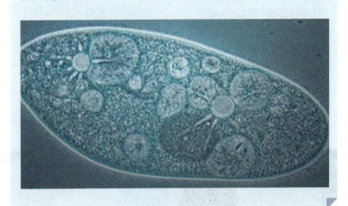

单细胞生物

单细胞生物只由单个细胞组成，而且经常会聚集成为细胞集落。单细胞生物个体微小，全部生命活动在一个细胞内完成，一般生活在水中。第一个单细胞生物出现在35亿年前。单细胞生物在整个动物界中属最低等最原始的动物。包括所有古细菌、真细菌和很多原生生物。

悟到了团结的力量，一节一节地连接起来，生命的骨架由此形成。之后，碳链发生了无与伦比的巨变，生命的基本单元氨基酸、核苷酸横空出世。在地球走过其生命的11亿个年头之后，终于有一天，最美妙的奇迹发生了：这个死气沉沉的世界终于出现了生命。

第一个活着的细胞漂浮在茫茫大海之上。

海洋古生物

一般认为生命是由化学物质从无机到有机演化而来的。生命的起源亦即化学演化过程，应发生在地球形成后约11亿年。生命的产生是地球演化史上的一次最大的飞跃，使得地球历史从化学演化阶段推向生物演化阶段。最初的生命应是非细胞形态的生命，为了保证有机体与外界正常的物质交换，原始生命在演化过程中，形成了细胞膜，出现了细胞结构的原核生物。细胞是生命的结构单元、功能单元和生殖单元，细胞的产生是生命史上的一次重大的飞跃。

恐龙

恐龙时代离我们如此遥远，若不借助于化石，我们对恐龙这一神秘的物种就会一无所知。恐龙是生活在距今大约2亿2000万年至6500万年前的、能以四肢或后肢支撑身体直立行走的一类动物，支配全球陆地生态系统超过1亿6千万年之久。大部分恐龙已经灭绝，但是恐龙的后代——鸟类存活下来，并繁衍至今。

它毫无目标地漂荡了几百万年。在此过程中，它不断地发展着自己的某些习性，使它在环境恶劣的地球上能够更容易地生存下去。以后的生命进程，大概遵循着这样的轨迹：这些细胞中的部分成员故土难离，在水底的淤泥间扎下根来，变成了植物；另一些细胞则情愿四处游荡，身上长出了奇形怪状的有节的腿，爬行于海底绿色植物体之间；还有一些细胞身体上覆盖了鳞片，凭借游泳似的动作四处来去，寻找食物，慢慢地变成海洋里繁若星辰的鱼类。

海洋生命的数量不断滋长，海底拥挤的空间迫使它们向陆地进军，开辟新的栖息地。经过长时间的训练，植物(海

恐龙时代
The Age of Dinosaurs

洋中的藻类）慢慢适应了陆地靠近水边的潮湿环境，它们的体型逐渐增大，变成了灌木和树林，进而演化成为能开出美丽的花朵，使整个陆地上香气四溢，浓荫遍地；鱼类中有一种鱼逐渐演化成为两栖动物——幼年用鳃成年用肺呼吸，尽情地享受着穿梭于水陆之间的乐趣，与昆虫一起分享森林的寂静。离开了水，某些两栖动物的家族成员逐渐发展自己的四肢，体形也相应增大，演化成为爬行动物，其中就包括我们熟知的恐龙家族。后来，爬行动物中的一些成员开始长出了美丽的羽毛，最终变成了鸟。

鱼龙化石

古生物是指生存在地球历史的地质年代中、而现已大部分绝灭的生物。包括古植物、古无脊椎动物、古脊椎动物。古生物死后，除极少数由于特殊条件，仍保存原有的组织结构外，绝大多数经过钙化、碳化、硅化，或其他矿化的填充和交替石化作用，形成仅具原来硬体部分的形状、结构、印模等的化石。

这时，一件神秘的事情发生了。统治地球 1 亿 6000 万年的古爬行动物帝国，在短时间内覆灭了。现在的地球，被不同的动物占据，最令人惊喜的是哺乳动物的出现。经过漫长的沉默无言、生生死死的生命过程，我们来到了历史发展的分水岭。某些哺乳动物突然挣脱了原始牢笼的局限，开始运用大脑来掌握自己种族的命运。这就是我们人类——世界上最奇妙、最精致的生物体。

我们最后出现在地球上，却最先学会用脑力征服自然。我们以不可思议的速度茁壮成长，我们已成为地球的统治者，我们创造了自地球形成以来最辉煌的文明。

得意之余，你是否还记得那个小小的碳原子？你也许觉得难以置信，起始于它默默无闻的努力，地球的面貌才得以彻底改变，我们人类的今天才得以成就。碳原子创造生命的丰功伟绩，我们应铭记于心。如果你对此仍有怀疑，我会用两个客观的数据——0.027% 和 18.8，进一步证实我的观点。碳在地壳中的质量分数为 0.027%，与 100 这个基数相比较，似乎不值一提。但就是这好像无足轻重的 0.027%，以极其强大的渗透能力，注入几乎所有的自然物中，并成为这些自然物不可或缺的一分子，广泛存在于地壳、大气和动植物体中，比如石油、天然气、石灰石、白云石、二氧化碳等，还有以后要着重描述的煤炭。截至 1998 年底，在全球最大的化学文摘——美国化学文摘上登记的化合物总数为 18.8 万种，

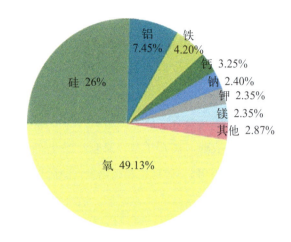

地壳中主要元素百分比

元素，又称化学元素，指自然界中一百多种基本的金属和非金属物质，它们只由一种原子组成，其原子中的每一核子具有同样数量的质子，用一般的化学方法不能使之分解，并且能构成一切物质。到 2007 年为止，总共有 118 种元素被发现，其中 94 种存在于地球上。

其中绝大多数是碳的化合物。生物体内大多数分子中都含有碳元素。碳是一切有机物的基础，是占生物体干重比例最多的一种元素。

该是认真剖析碳原子的时候了。碳原子，其核心由带正电的六个质子和不带电的六个中子组成，它们构成碳原子的全部质量；在其外围，六个带着负电荷的电子像围着鲜花打转的蜜蜂那样，各自纷飞；这些电子试图以高速旋转所产生的离心力摆脱原子核的控制，但其自身的负电荷与质子携带的正电荷却有着一种天然的亲和力，恰恰抵消掉它们想要挣

米勒实验

1953 年，美国芝加哥大学研究生米勒在他的实验中假设在生命起源之初大气层中只有氢气、氨气和水蒸气等物，其中并没有氧气等，当他把这些气体放入模拟的大气层中并通电引爆后，发现其中产生了一些蛋白质，而蛋白质是生命存在的形式，因此他认为生命是从无到有的理论将可确立了。证明生命是进化而来的。

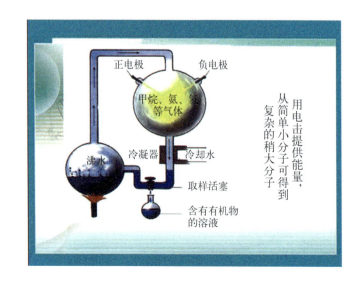

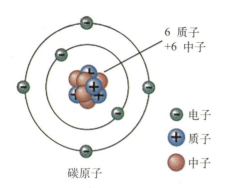

6 质子
+6 中子

电子

质子

中子

碳原子

碳原子示意图

碳是一种非金属元素，位于元素周期表的第二周期ⅣA族。它的化学符号是C，它的原子序数是6，电子构型为$[He]2s^22p^2$。碳是一种很常见的元素，它以多种形式广泛存在于大气和地壳之中。碳单质很早就被人认识和利用，碳的一系列化合物——有机物更是生命的根本。

脱樊笼的一切企图；于是，两种力量——吸引力和离心力之间的对抗达成了某种平衡，并以稳定的状态固定下来；电子和原子核的关系，与太阳系中的行星和太阳的关系十分相似。除此之外，我没有办法告诉你更多了。

太阳系示意图

由北方向下鸟瞰太阳系，所有的行星和绝大部分的其他天体，都以逆时针（右旋）方向绕着太阳公转。太阳系的形成据信应该是依据星云假说，最早是在1755年由康德和1796年由拉普拉斯各自独立提出的。这个理论认为太阳系是在46亿年前在一个巨大的分子云的塌缩中形成的。

思想者

纵使宇宙毁灭了他，人却仍然要比致他于死命的东西高贵得多；因为他知道自己要死亡，以及宇宙对他所具有的优势，而宇宙对此却是一无所知。

希　望

如果你希冀进入无限的境界，那就该对有限的事物进行彻底的探索。

至于地球上碳的来源，前面已经讲过：我们对此知道的非常之少。现代科技使人类拥有了非凡的制造能力，但却对更多的生命问题无能为力，原因在于生命是自组织的而不是被制造的，制造能力再大也无济于事。人类无能为力的时候，还能做什么呢？唯有依靠神。这不是愚昧，而是人的本能。尽管这种本能的暗示和"树叶落入水中会变成鱼，落在地上则变成鸟"一样荒谬可笑，也只能套用一句俗语：大概是神的恩赐吧。不过依然万分庆幸我们生活在一个崇尚科学的时代。以人类的聪明才智，终有一天，揭开这个问题乃至更多未解之谜的真相，就像敲开隔壁邻居的房门直接叩问那样简单。

对此，我充满信心。

二、能源储备的辉煌时代——成煤期

如果把人类的出现视为必然，

如果人类注定要成为地球的主宰，

那么，地球 46 亿年的生命历程，

就是为迎接人类的出现，

所做的积累和准备的过程。

死一般寂静。

始于 5.4 亿年前的寒武纪（5.4 亿～4.9 亿年前），气候温暖而湿润。蔚蓝的天空，凝脂一般浓重的白云垂浮涌动。一望无际的大海碧波荡漾。在古生代灿烂阳光的照射之下，大约形成于 10 亿年前的超大陆罗迪尼亚，开始四分五裂，一个新的海洋——巨神海在这几个古大陆裂块之间缓慢扩张。超大陆冈瓦那则在南半球组合而成，范围从赤道一直延伸到南极，是当时地球上范围最广的大陆。

经历了几十亿年的沧桑巨变，古老的藻类依然躺在陆地周边空前广阔的浅海上随波逐流。这些现代绿色植物最资深的老前辈，形态简单、结构原始，它们几乎从一开始，就具备利用每一个细胞中的叶绿体进行光合作用，而能够自食其力了。时至今天，在雨水充沛、气候暖湿的南方，它们的身影仍然随处可见。与藻类如影随形的是一些类似水母、蠕虫的软体动物。这些丑陋的家伙，扭动着它们原始、精赤的躯体漂来爬去，一声不响地四处觅食。

陆地上一派洪荒，入侵的海水退却之后，一切都裸露在外，除了嶙峋的岩石、起伏的山峦，什么都没有。倘若雷鸣消散，风声渐止，大雨顿住，这是一个完全静谧、苍凉的世界。

这是爆发前的静默吗？

一切就在那一刻发生了。谁也无法追问其原因，但保存在寒武纪地层中门类众多的无脊椎动物化石告诉我们：在寒武纪开始后的短短不到 300 万年时间里，包括现生动物几乎所有类群的祖先，包括节肢动物、棘皮动物、软体动物、腕足动物、笔石动物等在内的 40 多个门类 100 多种动物，几乎同时地、突然地出现了。300 万年，漫长得足以让任何不朽灰飞烟灭，但相对于横亘古今的地质演化过程，不过是弹指一挥间。寒武纪海生无脊椎动物爆炸式的增长和繁荣，恰如一道晴空霹雳，为现代生命的始祖们打开一扇通往未来的大门。这是生命进化史上的一桩重大事件，使世界古生物学界发生了从未有过的骚动。达尔文在其《物种起源》的著作中提到了这一事实，并大感迷惑。他认为这一事件可能会被用作反对其进化论的有力证据。但我们宁愿相信达尔文理论的正确性：寒武纪的动物一定是源自前寒武纪动物的祖先，且经过很长的时间进化而来的。

诚然，寒武纪的海洋奇观与第一个成煤期——石炭纪—二叠纪相去甚远，但它对于地球生命来说，有着绝无二致的重大意义。如果没有寒武纪的生命爆发，我们人类很可能至今仍以最原始、最低级的形态，漂荡在苦涩的古海之上或者潜藏于黑暗的淤泥之中。真是

主要聚煤时期

代	纪	距今年代（百万年）	持续时间（百万年）	生物发展阶段		成煤类别
				植物界	动物界	
新生代	新近纪+古近纪	67	64.5	被子植物	哺乳动物时代	褐煤 长焰煤 气煤
中生代	白垩纪 侏罗纪	137 195	72 58	裸子植物	恐龙发展 鸟类出现	褐煤 烟煤 无烟煤
古生代	二叠纪	285	55	孢子植物	两栖类发展 爬虫类出现	烟煤 无烟煤
	石炭纪	350	65			

这样的话，倘若没有我们至高至上的人类的欣赏，自然界中饰以风花雪月、清音流响的许许多多美景良辰，它们存在的价值又有几何呢？鉴于此，关于寒武纪，我还得多写几笔。

那时候，海洋中不折不扣的群体霸主是一种被我们称做三叶虫的节肢动物。它们样子奇特，不同于我们现在地球上所能看见的任何生物。它们从卵中孵化出来，扁平的身体从纵横两方面来看都可以分成三部分：纵向上分为头部、胸部和尾部，横向上分为中轴及其两边的侧叶部分。很像一只不小心踩扁的熟鸡蛋。实际上，个头最大的三叶虫可达30厘米；而小的，身长超不过一枚硬币。它们无一例外地身披重甲；由单晶的、透明的方解石组成的一对复眼，为它们提供了极佳的视觉；长达20至30厘米的触须使它们的味觉和嗅觉异常灵敏；周身密布的长刺使它们天生具备抵御外敌的有效武器，令其他物种望风而逃。虽然不擅长游泳，大多数只适应于浅海底栖爬行或游移于淤泥之上，但性能精良的装备足以让它们傲视群雄，从而成就了它们称霸海洋长达1亿6000万年的壮举。期间，它

三叶虫化石

三叶虫是最有代表性的远古动物，距今5.6亿年前的寒武纪就出现，5亿～4.3亿年前发展到高峰，至2.4亿年前的二叠纪完全灭绝，前后在地球上生存了3.2亿多年，可见这是一类生命力极强的生物。在漫长的时间长河中，它们演化出繁多的种类，有的长达70厘米，有的只有2毫米。背壳纵横两方面都可以分为三部分，因此名为三叶虫。

们成功地逃过了奥陶纪（4.9亿～4.4亿年前）的灭顶之灾，在志留纪（4.4亿～4.2亿年前）的珊瑚礁附近大量繁殖。直至泥盆纪（4.2亿～3.6亿年前）后期，就像它们以藻类和其他弱小为食一样，自己也沦落为两腭强大并且两腭之间由关节连接的鲨鱼和其他早期鱼类的口中食、盘中餐，三叶虫帝国才逐步土崩瓦解。

寒武纪说不明道不清的生命多样性飞跃，是古生物学和地质学上的一大悬案，自达尔文以来就一直困扰着学术界。它意味着，生物进化除了缓慢渐变，还可能以跳跃的方式进行。然而，植物的进化似乎不支持这种理论，照旧漫不经心地保持着那份"千击万磨仍坚劲，任尔东南西北风。"的从容安恬，并没有因为三叶虫和其他动物突然地、大量地涌

地 质 年 代 表

宙	代	纪	绝对年龄	生物演化 植物演化	生物演化 动物演化
显生宙	新生代	第四纪			灵长类
		新近纪	260万年		
		古近纪	2330万年		兽类
			6500万年		
	中生代	白垩纪		被子植物	
		侏罗纪	1.37亿年		
		三叠纪	2.05亿年	裸子植物	爬行类
	古生代	二叠纪	2.50亿年		
		石炭纪	2.95亿年		
		泥盆纪	3.54亿年	蕨类植物	两栖类
		志留纪	4.10亿年		
		奥陶纪	4.38亿年	裸蕨植物	鱼类
		寒武纪	4.90亿年		
			5.43亿年		无脊椎动物
元古宙	新元古代		10亿年		
	中元古代		18亿年	绿藻	
	古元古代		25亿年	真核生物	
太古宙	新太古代		28亿年		
	中太古代		32亿年	蓝藻	
	古太古代		36亿年		
	始太古代		38亿年	原核生物	
冥古宙				地球形成与化学进化期	
			46亿年		

现，丝毫加快它们前行的速度。正因为如此，我们才有足够的时间来体会造化的神奇和细腻：它在动物脱离海洋之前，让所有动物的食物制造者——植物，首先攻占了陆地，使得随后登陆的动物们不至于因为缺少果腹之物而饿死。

这是一个不容否认的事实：从生命在海洋中诞生那一刻起，藻类就未曾停止过进军陆地的脚步。我们可以想象，那些簇拥在海洋中的藻类们，裹挟着汹涌的海浪前赴后继，一批批地冲向如同炼狱般荒凉的陆地，一批批地被毒辣的太阳晒死或被狂暴的海风吹干，海边的岩石上血泪斑斑、尸痕累累。这是多么惨烈的牺牲，至今想起来仍叫人心惊肉跳。更为悲壮的是，这样的牺牲竟无间断地延续了

生命向陆地进发

生物占领海洋之后，向陆地进发是由植物开始的。距今 4.25 亿年前的早志留世，由于出现了维管组织，植物的生态领域从水域扩展到陆地。开始了陆生生物的演化阶段。最早登陆的植物是光蕨，它具有直立分支的茎，但缺少叶子。最早登陆的动物是两栖动物，它的化石出现在泥盆纪晚期的地层里。

几十亿年。甚至想，在它们柔弱的外表之下，一定蕴藏着一颗无比坚强的心，支撑着它们义不容辞地肩负起改变地球面貌的重任，在坚硬的岩石上摔出自信。任何牺牲都不是无谓的，先驱们的舍生取义启迪了后来者的智慧。在牺牲继续的同时，有些藻类在浅海区域潜伏下来，它们养精蓄锐，在靠近海岸的一侧过着半水半陆的生活，为征服陆地做着最后的准备。它们终于成功了。现在已经很难确切地知道，最早登陆并能够立足的植物又经历过哪些苦难，但作为结果，可以轻松地告诉大家：在后来又一次大规模的迁徙行动中，那些在水陆交汇地带适应生存技巧的植物们充当了急先锋、排头兵，并且快速地将自身的细胞做了初步的分工：有一些向上生长，以捕捉天空里的阳光；另一些则向下立足，以吮吸泥土中的水分；两者以茎和根的形式，共同构成一种把水分疏导至身体的每一个细胞中去的简单系统——维管束。它们在陆地上站稳了脚跟，这是志留纪的晚期，距今 4 亿 1000 万年前。此时的海洋中，三叶虫正为迎接即将出现的鱼类，而拼命地养肥自己。

　　我们不禁要问，是什么样的一种情愫让植物们对陆地与荒凉一往情深呢？只能说，也许在碳原子凝聚成形的当初，那一个最原始的细胞就已经从冥冥中得到了某种启示：占领陆地是植物的天职使命，因为那里才是它们真正的家园。

　　其后的 7000 万年里，从志留纪晚期开始，直到泥盆纪结束，植物们疯狂地改善自我，扩张地盘。它们以海岸线为基地，沿着河流浅滩向内陆挺进。新的植物种类，像裸蕨类以及它们的三支后代石松类、节蕨类、楔叶类等，不断滋生显现，身形也不断挺拔高大，所到之处，凡是易于扎根的湖滩、湿地、沼泽，统统被它们占为己有。泥盆纪末期，植物世界盛况空前。曾经寸草不生的童山荒漠，被大片大片由石松类、节蕨类、楔叶类植物组成的森林打扮得生机盎然、秀丽无比。绿，是生命的颜色，地球不再荒芜。

就这样，第一个成煤期——石炭纪，在泥盆纪树荫的庇护下开始了。

石炭纪的森林景观

石炭纪是地壳运动非常活跃的时期，因而古地理的面貌有着极大的变化。这个时期气候分异现象十分明显，北方古大陆为温暖潮湿的聚煤区，冈瓦纳大陆却为寒冷大陆冰川沉积环境。气候分带导致了动、植物地理分区的形成。在石炭纪的森林中，既有高大的乔木，也有茂密的灌木。可以这样说，今天地球上之所以蕴藏有如此丰富的煤炭资源，与石炭纪植物界的繁盛密切相关。

石炭纪是植物世界大繁盛的代表时期，开始于距今 3.54 亿年前，延续了约 7400 万年。因为这一时期形成的地层中含有极其丰富的煤炭，所以得名"石炭纪"。也许你福至心灵，已然窥见了其中的奥妙。是的，你猜得不错：每一个成煤期都伴随着植物的大繁荣，不仅是石炭纪，还有以后的二叠纪、侏罗纪、白垩纪、古近纪和新近纪，都是如此。由于石炭纪首开成煤之先河，兼之属于这一时期的煤炭储量占到全世界煤炭总储量的 21% 以上，因而颇受学术界、商业界等各路人士的重视与关注。难道植物与煤炭有什么内在的关联吗？这一问，以科学的眼光来看虽不见的严谨，但的确触及到了要害之所、痛痒之处。这里，只用最简短的语言表述一个概念：煤炭是埋藏在地下的古代植物，经历了复杂的生物化学和物理化学变化逐渐形成的固体可燃性矿物，是地球上蕴藏量最丰富的化石燃料。至于其间细节，等以后再聊。先回到遥远的古生代，去观摩石炭纪中晚期生物世界的洋洋大观吧。

提起蕨类植物，即便你对植物发生过兴趣并对植物有了一知半解，能想到的也无非是阴暗潮湿和矮小可怜。比如蔓生匍匐在池塘边的石松，纤小而秀气，细小的叶子呈螺旋状缠绕在茎部，看起来和苔藓差不多；还有弱不禁风的木贼，纤细地直立在沼泽边缘，像一根永远长不大的竹子，弱弱地把鳞片状的叶冠举在空中。但在石炭纪，它们的祖先曾毫不夸张地高大过。早在泥盆纪就出现的石松，进入石炭纪，已由原来粗不盈寸、高不过尺的草本植物，成长为挺拔雄伟、最高可达 40 米的参天巨木，与同样高大、直径达到 2 米、现在已经灭绝的鳞木、封印木、芦木等，目空一切地占据着森林世界的最上一层。作为蕨类家族的一分子，木贼根深叶茂、盛极一时，它们酷爱潮湿，树茎可以长到 0.40 米粗、30 米高，牢牢控制着河流沿岸，并和湖泊沼泽连成一片。低矮的灌木林中，蕨类植物一样占据绝对的优势，它们的孢子体释放出大量孢子，随风飞散到各处，后在水的帮助下发芽生根，大量铺陈于林地的下层空间，紧簇拥挤，蒸蒸日上。与石松和木贼比邻而居的苏铁、松柏、银杏、科达，是初露端倪的裸子植物的代表，其数量、质量虽然无法和兴盛的蕨类一较高下，但它们的发展将十分引人注目。它们在泥盆纪悄然出现，以发达先进的繁殖系统摆脱了水对受精作用的限制，针形、条形、披针形、鳞形的较小叶型以及叶表面厚厚的角质层，有效地减缓着体内水分的流失。度过几番交替更迭的恶劣环境之后，裸子植物对陆地生活更加应对自如，踌躇满志地一直繁衍至今。作为配角，它们协助蕨类植物一道奏响了古生代植物世界的主旋律，共同构成了地球历史上的第一次原始森林。

蕨类植物

蕨类植物是植物中主要的一类，是高等植物中比较低级的一门，也是最原始的维管植物。大都为草本，少数为木本。蕨类植物孢子体发达，有根、茎、叶之分，不具花，以孢子繁殖，世代交替明显，无性世代占优势。石炭纪时，蕨类植物的数量最为丰富。

一如海洋之于水生动物，森林是陆生动物的乐园。当你漫步在树林中，不必说鸟儿的啼唱、野花的摇曳，也不必说潮润的阵阵清风、游走的斑斑日影，单是那一片飘摇而下的落叶，就会激起你心中无限回归的感动。人类不就是从森林中走出来的吗？森林曾经也是我们的家。不过，石炭纪的森林可容不得你享受这份放松和悠闲，哪怕片刻也不行。在湿气蒸腾的浓荫里，栖息着我们所熟知却视而不见的，包括蟑螂、蜘蛛、蜻蜓在内的昆虫一族。它们可不像今天它们的后代那么微不足道，它们是那片浓荫的主宰，它们的硕大无法想象。有一种叫马陆的虫子，从头到尾 3 米长，身披坚硬的盔甲，长有锋利的大颚，号称有史以来最大的陆地节肢动物。蜘蛛也大得骇人，光一颗脑袋就比成人的拳头还要大。最惊艳的要数蜻蜓，两个翅膀展开了足有 1 米长。因为这些巨大的虫子，有人送给石炭纪一个别号——"巨虫时代"。它们上岸的时间大约在泥盆纪晚期，就是长着脊骨的鱼类几乎将三叶虫赶尽杀绝之后。上岸的原因我也说不好，可能是为了逃避海洋的杀戮，讲动听点，大概是为了追求自我个性的张扬而欲寻找一个与张扬的个性相匹配的更大的发展空间。庆幸的是，陆地上的森林差不多已经覆盖全境。昆虫们不仅摆脱了对水的依赖存活下来，而且在这种由植物营造的、自由的、天然的氧吧中，除了饱食终日地疯长，似乎再无别的事情可做。与昆虫一起上岸的，还有一种我们称之为两栖类的脊椎动物，据说它们由激进的鱼类蜕变而来。千万别小看这些呆头呆脑的丑八怪，它们可是其时陆生无脊椎动物界当之

石炭纪的巨型蜻蜓

　　在石炭纪晚期，生活在陆上的昆虫，如蟑螂类和蜻蜓类，是突然崛起的两类陆生动物。它们的出现与当时茂盛的森林密切相关，其中有些蜻蜓个体巨大，两翅张开大者可达 70 厘米。

无愧的王者。同样得益于植物的辛劳和无私，当两栖动物们盘踞岸边，将尾巴浸在水里、脑袋搭在岸上，懒洋洋地休息的时候，才不至于因缺氧而被憋死。

石炭纪的森林继承了泥盆纪的衣钵，而且树种更多，体型更大，覆盖面积更广。当时，沉寂了几百万年的地壳运动又开始活跃起来。世界绝大多数海洋回返上升为陆，北方陆地几乎连成一体，与南方的冈瓦那古陆隔海相望。地理面貌的巨变带动了气候环境的分异：北方古大陆温暖潮湿，而南方的冈瓦那古陆却是一派冰天雪地。可想而知，由今天的亚洲、欧洲、美洲、澳洲所组成的暖意融融的石炭纪北方大陆上，到处生长着广袤的、再也未曾见过的大森林。那无边无际的震撼，是何等壮观。这是前无古人、后无来者的炫耀与骄傲吗？

接下来的时期，地质学上称作二叠纪——古生代的最后一个纪，也是重要的成煤期。确定它开始和结束的年代是件麻烦事，但对我们来说，并不影响什么。我们只需了解二叠纪因其泾渭分明、上下叠加的两套岩石层（下层为红色砂岩，上层为镁质灰岩）而得名，就已经很了不起了。至于那数百万年的时间差，由学术界争论去好了。

这是个动荡不安的时代。在绵延 4500 万年时间里，古大陆各板块之间不断靠拢、撞击，海槽封闭，山峦崛起，最后拼接成为一个庞大的联合大陆：盘古大陆。生物界也似乎在有意迎合这聚拢，不论动物还是植物都显示出微妙的演化连续性，不仅品类繁多，而且内容丰富。海洋中，腕足类继续繁盛，其中长身贝类占绝对优势；软体动物也是重要的组成部分，菊石类出现明显的生态分异；造礁生物——珊瑚异常发达；鱼类中的软骨鱼类演化出许多新类型，硬骨鱼类也得到长足发展。陆地上，两栖类进一步繁荣；爬行动物首次大量繁殖，它们作为现代爬行类、鸟类和哺乳动物的先祖，

裸子植物

裸子植物是原始的种子植物，其发展历史悠久。最初的裸子植物出现在古生代，在中生代至新生代它们是遍布各大陆的主要植物。现代生存的裸子植物有不少种类出现于古近纪和新近纪，后又经过冰川时期而保留下来，并繁衍至今。裸子植物是地球上最早用种子进行有性繁殖的，在此之前出现的藻类和蕨类则都是以孢子进行有性繁殖的。裸子植物的优越性主要表现在用种子繁殖上。

活跃于现在的非洲、南美和欧洲的内陆地区；昆虫种类突飞猛进，体形食古不化地继续变大；二叠纪早期，植物界仍以节蕨、石松、真蕨、种子蕨类为主，晚期开始呈现中生代的面貌，鳞木类、芦木类、种子蕨、科达树等逐渐退出历史舞台，它们空余的位置由进化程度更高、更耐旱的裸子植物来及时填补；森林依然延续着石炭纪的盛况，按东西走向，广布于亚洲、中欧、印度半岛和南半球的多数陆地。

大地合为一体，海洋环绕周围。水中的鱼儿，岸边的石源，林间的昆虫，各种生命各得其所而又如此贴近，于地震频发、岩浆喷涌的岁月里，多姿多彩地为我们呈现出一派亲密无间、其乐融融的温馨世界。

然而这一切，历经亿万年，千辛万苦搭建起来的生命体系，仿佛一眨眼间，便彻底礼崩乐坏了。这是二叠纪的最末时刻，估计地球上有 96% 的物种灭绝，其中 95% 的海洋生物和 75% 的陆地脊椎动物，莫名其妙地集体消亡。这是地质历史上中最严重的一次生物集体灭绝事件，生态系统进行了一次最彻底的洗牌。所有的解释都是推测，惨白而无力，就像寒武纪生命大爆发一样，对二叠纪的生命大浩劫，没人能给出一个确切的答案。"既然能创造你，也就能毁灭你。"造化的喜怒无常，让我们再次感受到她无边的威力。伤感之外，我还想说，"人无千日好，花无百日红"，但凡美好的事物可能都是短暂的吧。

到这里，我的心情业已大坏。那些可爱可怜的二叠纪的动物们横死的惨状，活生生地仿佛就在眼前。它们是因为冰川肆虐，冻饿而死吗？抑或是因缺氧而窒息？还是因为干旱，

陨石撞地

　　二叠纪末发生了有史以来最严重的生物大灭绝事件。科学界普遍认为，这一大灭绝是地球历史从古生代向中生代转折的里程碑。其他各次大灭绝所引起的海洋生物种类的下降幅度都不及其 1/6，也没有使生物演化进程产生如此重大的转折。科学家认为，陨石或小行星撞击地球导致了二叠纪末期的生物大灭绝。如果这种撞击达到一定程度，便会在全球产生一股毁灭性的冲击波，引起气候的改变和生物的死亡。

被子植物

被子植物或显花植物是演化阶段最后出现的植物种类。它们首先出现在白垩纪早期，在白垩纪晚期占据了世界上植物界的大部分。被子植物的种子藏在富含营养的果实中，为生命发展提供了很好的环境。受精作用可由风当传媒，大部分则是由昆虫或其他动物传导，使显花植物能广为散布。

饥渴而亡呢？于唏嘘叹息中，我竟确乎听到它们无助的悲泣，闻到弥漫的血腥，甚至感觉得到它们心中的绝望。我的死里逃生的寥落的三叶虫们、不知疲倦的活泼的鱼儿们、美丽的鹦鹉螺们，我的憨态可掬的鱼石源、西蒙龙们，我的幼稚笨拙的蜻蜓、马陆们……只盼快快结束这篇文字，总该有个结尾。

可是，这当口我却想起了另一次大灭绝。那是二叠纪末大灭绝之后，相隔 1 亿 8500 万年，穿越三叠纪（距今 2.5 ～ 2.05 亿年前）、侏罗纪（距今 2.05 ～ 1.37 亿年前），发生在白垩纪（1.37 ～ 0.65 亿年前）末、古近纪初的灭绝事件。距今 6500 万年前，中生代即将结束的时候，劫后余生，经过 1 亿 8500 万年顽强发展起来的生物世界，再一次面临毁灭性打击。在这场深重的灾难中，大片大片的林地遭到破坏，大部分动物，尤其是爬行动物横遭灭种。恐龙则全军覆没，这个支配全球生态系统超过 1 亿 6000 万年的庞大帝国就此作古，消失在了漫漫的历史长河之中。哺乳动物与鸟类幸存下来，当然还有其他一些物种。3000 万年之后，直至古近纪末期，地球生命系统才又恢复了她应有的繁茂。

现在，简单小结一下。成煤期是植物大繁荣的时期，也是地壳运动相对强烈的时期。规模宏大的森林和沼泽，为煤炭的形成提供了必要的物质基础，而频繁剧烈的地质活动，是成煤环境所必需的外部动力，二者缺一不可。地质历史上有三个主要的成煤期：一是石炭纪—二叠纪，成煤植物以蕨类植物为主，世界上的很多巨型煤田都形成于这一时期，如北美、亚洲、欧洲以及中国北方地区的很多煤田等；二是侏罗纪—白垩纪，成煤植物以裸子植物为主，欧亚、北美以及中国西北地区的很多煤田形成于这一时期；三是古近纪和新近纪，成煤植物以被子植物为主，煤田分布也很广，如中国东北及沿海的一些煤田等。

　　一个时代的结束意味着另一个时代的开始，毁灭意味着重生。二叠纪—三叠纪的毁灭事件开启了裸子植物和爬行动物的全盛时代，而白垩纪—古近纪的物种灭绝，使得被子植物和哺乳动物步入高速发展的新纪元。对我们，对生命，对地球，这无疑是莫大的慰藉。生命在创造—毁灭、再创造—再毁灭中不断轮回。我们处于轮回的哪个环节呢？所有的证据都指向一个结果：人类脱离蒙昧进入农业文明之后，对自然的影响日趋扩大；工业文明更是改变了整个地球的面貌，人类活动造成的生物灭绝和生态系统的破坏，比以往任何时期都要严重。将来毁灭人类的，也许正是我们自己。

　　请珍爱地球！

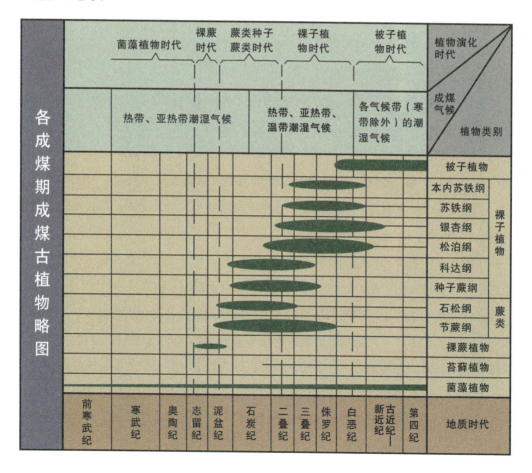

三、绿精灵的涅槃之旅——成煤作用

几百万年了，几千万年了，几万万年了，

它们退隐于地下，凝固于黑暗。

绿色褪了，形体枯了，

越往深处，越是神秘。

它们黑的颜色，必将燃起红的火焰。

　　一个鼠标玩转世界，足不出户悉知天下，如今是科技在指尖流动的时代。回眸往昔，我们仍能感受到科学扫荡一切牛鬼蛇神、揭发所有骗局谎言的浩荡雄风。它让诸神黯淡，让圣人绝迹，让偶像坍塌，它使我们这个星球焕发出从未有过的客观真实，使人类比以往任何时候更懂得如何运用怀疑。怀疑，本是人类该有的特质。

　　前文已经提过：煤炭是埋藏在地下的古代植物经历了复杂的生物化学和物理化学变化逐渐形成的固体可燃性矿物，是地球上蕴藏量最丰富的化石燃料。敢于下此结论，我当然是有备而来。"耳听为虚，眼见为实。"这样说无

鼠 标

道格拉斯·恩格尔巴特，这位美国斯坦福研究所的博士，绝对想不到他小小的一个发明会成为当今世界的统治者。

27

中国煤炭博物馆

中国煤炭博物馆是我国唯一的国家级煤炭行业博物馆，是全国煤炭行业历史文物、标本、文献、资料的收藏中心。博物馆永久性陈列模拟矿井，规模之宏大，内容之丰富，在世界同类博物馆中是少见的。它集科学性、知识性、趣味性为一体，应用了高新技术和艺术相互结合的现代展示手段，营造出逼真的地下采煤场景。中国煤炭博物馆由于其特殊的功能和地位，被国家文物局、中国科协、国家旅游局授予"国家一级博物馆"、"全国科普教育基地"、"国家AAAA级旅游景区"、"全国工业旅游示范基地"的称号。

可厚非，质疑的同时也许你的嘴角还流露出一丝不屑。要厘清事实根本，非一言能决，你的态度我完全理解。随我来吧，我们去博物馆，去实验室，去矿山，去可以释疑解惑的任何地方，让目之所及、体之所感尽可能地帮助你判断真伪。到时候，自然性水澄清，心珠自现。

先去博物馆，中国煤炭博物馆。这是中国唯一一家专门从事煤炭历史、文化研究的国家级专业博物馆，素有城市会客厅之美誉，是太原市乃至整个山西省递得出去的一张精美名片。它的展品来自世界各地，琳琅满目，件件精道；每一块标本、每一幅制作、每一个场景都开诚布公地着你想知道的、有关煤炭的某个答案，科学严谨，老少咸宜。

有一组照片，两两相对，其内容基本一致，都呈现出蜂窝状紧密相连的细胞结构，乍看并无多大区别。此时，你的目光一定会被照片之前展台上的三座显微镜所吸引。当你独目圆睁努力朝孔镜探视之际，讲解员会及时提醒你：墙上的照片是显微镜下切片的放大版。阅读标注说明之后，再看那些放大的照片，你便会发现它们的不同之处：右边

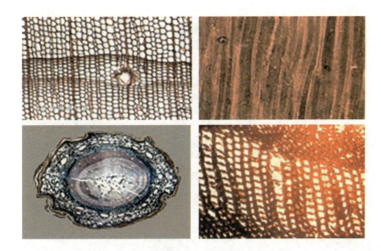

煤炭与植物切片

　　显微镜下的煤炭切片与现代植物的切片竟然如此相似，这说明植物成煤过程中其原始植物细胞结构被保存下来了。

　　一组颜色淡而清丽，胞腔饱满，是现代植物和有着几千万年历史的硅化木的纵横切面图；左边一组色泽浓而厚重，胞腔细长，似有外力将其压扁或拉长，但排列同样中规中矩，是煤炭切片放大之后的镜像。你不感到奇怪吗？为什么煤炭中会包含有类似植物的细胞组合？尤其是最下面的两幅照片，特别叫人遐思如潮。右边现代藻类的孢子一颗颗珠圆玉润，左边煤炭中疑似——你心里一定这么嘀咕，古老藻类的物体，宛若一朵朵盛开的雏菊，又像是夹在书页间一片片干枯的银杏叶。如果我告诉你，那酷似雏菊或银杏叶的物质，正是生活在几亿年前的藻类被压裂挤扁了的孢子，你会相信吗？

　　紧邻这组照片的是一个长 2 米、宽高均为 0.5 米的玻璃罩，几截深褐色的形似木头的东西，断断续续地横陈在雪白的台面上，缝隙纵横，表皮爆裂，活脱脱一块朽烂的棺材板。不错，我们的确戏称它为"棺材板"。你应该很想知道它的真实身份，在博物馆，有幸劳烦玻璃罩关心的物品，绝非"棺材板"那么简单。

　　旁边聚光灯下，有一个低矮的圆盘，上面所展示的东西曾是"棺材板"的一小部分，是中国煤炭博物馆专为满足游客的好奇心而特意准备的。去摸摸，感受一下它的质感。不过要小心，如果用力过猛，它坚硬的、参差不齐的边缘和密密麻麻的层理可能划伤你的手指。你甚至可以试试它的重量，讲解员绝不会阻拦。讲解员相当体谅，极可能施予援手帮你一个小忙，并为每一位身体力行的参观者预备一方揩手的纸巾。那物件可不像看上去那么稀松平常，一抱之下，难免疑窦顿生：这家伙的分量远非朽木可比，死沉死沉的。什么玩意？

它曾经是树，我自信地告诉你，而且是一棵硕大无比的树，曾经枝繁叶茂，曾风风光光地生活在 2400 万年前的古近纪—新近纪。博物馆的工作人员历经千辛万苦，在云南狭窄的矿井下找到它，动用汽车、火车，千里迢迢把它运送回来。它不是什么烂木头，而是一块实实在在的煤。加置玻璃罩，是为了让它存世更久一些，因为它抗风化的能力已经大大弱于它是棵活着的树的时候了。它必将化为灰土，但在化为灰土之前，它会长久地待在博物馆的玻璃罩里享受优待，骄傲地向每一个瞻仰它的人宣示：我，从前是一棵树。

　　还有大量值得一看的展品：纹路清晰的鳞木化石，表皮碳化的芦木化石，栩栩

鳞木化石

　　鳞木出现于石炭纪—二叠纪，乔木状，是石炭纪—二叠纪重要的成煤原始物料。木本植物树干粗直，高可达 38 米以上，茎部直径可达 2 米。叶的基部自茎面膨大突出，当叶脱落后在其表面留下排列有规则的鳞状叶座。叶座绝大多数作纵菱形或纺锤形，通常不呈纵横的行列而为螺旋状排列。

　　如生的海百合化石，不知名的长达七米的硅化木，有着"活化石"之称的桫椤树标本等。一路行来，常常令人眼花缭乱，应接不暇。这些几亿年前的植物，在它们的尸体即将腐烂成泥的时候，固执地把身体的一部分变为化石，以期雄姿常驻，永远与注定成煤的同伴们形影相随，不离不弃。这是海枯石烂的誓言吗？这是一种标志，一种见证，一种残缺之美。现在我们把它们从黑暗的地底搬进庄严的博物馆，奕奕赫赫，这是登堂入室的荣耀，是人类献给所有远古植物的顶礼膜拜。

海百合化石

　　海百合是一种始见于石炭纪的棘皮动物，生活在海里，具多条腕足，身体呈花状，表面有石灰质的壳，由于长得像植物，人们就给它起了"海百合"这么个听起来酷似像植物的名字。

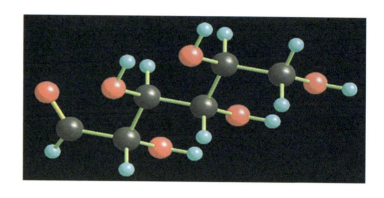

葡萄糖分子结构

碳水化合物亦称糖类化合物，是自然界存在最多、分布最广的一类重要的有机化合物，由碳、氢和氧三种元素组成。因为它所含氢氧的比例为二比一，和水一样，故称为碳水化合物。在生物体中以糖、淀粉和纤维素等形式存在。

真菌蛋白质结构图

蛋白质是以氨基酸为基本单位构成的生物高分子。蛋白质分子上氨基酸的序列和由此形成的立体结构构成了蛋白质结构的多样性。一切蛋白质都含氮元素，且各种蛋白质的含氮量很接近，平均为16%。

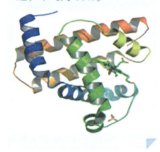

我心潮澎湃，无限感慨，想要引起谁的共鸣，恐怕未必中用。科学缺乏浪漫、不近人情，总显得严肃有加而情切不足，那份不苟言笑的认真刻板，常使人望而却步。不过你该读一读眼前那块展板上的文字了吧。它说："植物主要由碳水化合物、木质素、蛋白质和脂类化合物四类化合物组成，化学分析结果表明，煤中有机物的化学组成与植物有机体的化学组成基本相似，碳、氢、氧、氮四种元素占了绝大部分。"你说："空口无凭。"好吧，带着你林林总总的印象和业已松动的怀疑，咱们去实验室。那里有各种先进的仪器和严谨的专家，他们会在你的眼皮底下，严格按照分析化学的要求，精确完成煤和植物化学分析实验的每一个步骤。

化学分析是分析化学的基础，是绝对定量的。我们所用的方法叫作重量分析法，是根据物质的化学性质，选择合适的化学反应，将被测组分转化为一种组成固定的沉淀或气体，通过钝化、干燥、灼烧或吸收剂的吸收等一系列的处理后，精确称量，求出被测组分的含量。这种方法有着很强的实用性，同时又有严密、系统的理论。假使你有足够的时间和耐心，兴致也还盎然，不妨在专家的指导下，亲自参与这项实验。全套实验做下来，我相信你的科学精神会进步很多，你一定会以严谨的科学态度和实事求是的作风对待这次实验的结果。

	碳 C	氢 H	氧 O	氮 N
煤	82%	4.5%	12.7%	0.8%
植物	50%	6%	43%	1%

看到这组数字，你是不是觉得之前那块展板所言无虚呢？你可以怀疑那块展板，也可以怀疑专家甚至你自己，但请不要怀疑仪器的诚信。它们从不说谎！如果"棺材板"的造型只隐约表示出煤炭和植物之间存在着偶然的形似，那么两者成分的相同，则是根本的神似了。

木质素的结构

木质素是构成植物细胞壁的成分之一，具有使细胞相连的作用。在植物组织中具有增强细胞壁及黏合纤维的作用。其组成与性质比较复杂，并具有极强的活性。不能被动物所消化，在土壤中能转化成腐殖质。是世界上第二位丰富的有机物。

纤维素

纤维素是由葡萄糖组成的大分子多糖，不溶于水及一般有机溶剂，是植物细胞壁的主要成分。纤维素是地球上最古老、最丰富的天然高分子，是取之不尽用之不竭的、人类最宝贵的天然可再生资源。

矸 石

又称"矸子"、"碴石"、"洗矸"。煤炭生产过程中产生的岩石统称。矸石常是煤的灰分增加的重要原因。所以在生产过程中应积极采取措施，减少矸石的混入，降低含矸率，提高原煤质量。

煤矸石植物化石

矸石山

矸石山是集中排放和
处置矸石形成的堆积物。

去矿山做一番实地考察当然是必要的。欲在煤矿寻找
植物成煤的证据，矸石山是首选。矸石俗称矸子，有些地
方也叫碴石或洗矸，是煤的伴生废石，包括混入煤中的所
有岩石，主要来自采空区垮落和工作面冒落的顶板岩层、
夹在煤层中间的薄岩层以及选煤过程中排出的碳质岩等。
矸石常是煤炭灰分增加的重要原因，严重影响煤炭的质量，
往往挑选出来另行堆放，久而久之，积石成山。每个煤矿
都有这样的矸石山，不仅压占土地，破坏生态，而且煤矸
石中含有一定的可燃物，在适宜的条件下会发生自燃，排

植物化石

差不多所有的植物和动物都拥有一些硬部分，这部分硬组织
能被保存下来形成化石。碳化作用（或蒸馏作用）是生物埋葬之
后在缓慢腐烂的过程中发生的，在分解过程中，有机物逐渐失去
所含有的气体和液体成分，仅留下碳质薄膜。这种碳化作用和煤
的形成过程相同。在许多煤层中可以看到大量的碳化植物化石。
在许多地方，植物、鱼和无脊椎动物化石就是以这种方式保存下
来的。有些碳的薄膜精确地记录了这些生物的最精细的结构。

放二氧化硫、氮氧化物、碳氧化物和烟尘等有害气体，污染大气环境，损害矿区居民的身体健康。

站在矸石山前，它那"黑云压城城欲摧"的宏大规模，促使人不自觉地伤感自己的渺小。不必费多少力气，只要稍加留意，你会发现有些矸石并不似传言的那样不堪。它们的表面赋存着某种枝叶状的图案，与所见过的现代蕨类植物何其相似；仔细瞧，规整的齿叶，婀娜的枝条，每一个细节都好像精雕细刻过一般妙曼灵动。你下意识地环顾四周，这样的矸石竟然随处可见，俯拾皆是。捡起一块，凑在眼前细细端详，你的脑海里会成功幻化出这样一个场景：亿万年前，这些死去的蕨类，抓住机会将自己挤入松软的泥土；随着泥土的硬化、石化，植物体的有机部分完全被细菌分食殆尽，它们的身形却非常完整地刻印下来，形成与生前姿态近乎一模一样的印模化石，永久保留在岩层之中。这不是纯粹的臆想。随我到井下走一遭，你就会惊异自己的想象是多么真实了。

四川省乐山市犍为县嘉阳煤矿，其所采煤层形成于古近纪和新近纪，很薄。因此这里的矿井修建十分省料，低矮狭窄，且以炮采为主。倘若你有在北方煤矿工作过的经验，就会觉得这儿的矿井，包括设备、支护等一切的一切，都大大缩小了一号，很袖珍的样子。好在这些先天的、后天的不足尚不能构成阻碍，我们可以顺利抵达井下。

工作面是沿着煤层走向于巷壁上凿开的一道凹槽，高度一米多一点，进深已经很大，须猫腰蹲行一阵子，才能看到凹槽尽头夹在上下岩石中的煤层。脚下杂陈着炸药崩落的岩

薄煤层采煤工作面
因为煤层薄，嘉阳煤矿的采掘工作面很矮，工人需蹲着或跪着工作。

艺术品

自然天成的美使植物化石越来越受到收藏者的青睐。

石和煤炭的碎块，奇怪的是有许多树根树枝混杂其中。说它们是树根树枝，只是形状相似，说它们是在地下埋藏了多少年的朽木恐怕更为贴切。槽壁上的煤层中，横七竖八的竟也到处夹杂着诸多这样的东西，摸上去湿漉漉的，似乎还有种森林沼泽的气味。回想起博物馆那块养尊处优的"棺材板"，你心中了然：这些树枝树根状的东西一定也是煤。抬头看看顶板，平整似人工的杰作。其上或疏或密的图案，你在矸石山已经见到，不同的是：这里的图案更加完整，更加丰富，更加生动。这时候，你的心头会不会涌起一股冲动呢？把这些神工鬼斧刻就的花花草草撬下一块来，镶在镜框里，或摆在案头以作欣赏，或待价而沽以资家用。事实上，不少有心的工友早就这么做了。

好了，该去的地方去过了，该看的东西也看过了，如果这些证据还不能够说服你，我也别无他法。那就请你说服我吧。

约定俗成的认识是不是都正确，但就公心论，任何以科学为依据所导致的结论，并不

异想天开

闭门造车不合辙。荒诞大都与捕风捉影密不可分，所以，一切理论的基础仍是实践。

是随便哪个人——即使你有这样的权利，都可以毫无根据地大棒一挥就能涤荡而平的。想当然尔！我妄以为：没有飞天的本领，还是老老实实待在地上为好。等有了确凿的证据，再发声与前辈对抗以图跻身上位，岂不是更体面些。不然，恕我直言，闪了腰扭了胯，自个儿受罪不说，徒把罹患妄想症的误会给坐实了，以至贻笑大方。多划不来。

实践出真知

图为 20 世纪 50 年代中国的宣传画。

那么，植物是怎样变成煤的呢？从煤炭动辄千万年以记的古老不难看出，煤炭的形成是一个相当徐缓、漫长且包括一系列复杂的生物化学和物理化学的演变过程，学界称其为成煤作用。以下，我以最简洁的文字，不求深奥，但求明了，将这一过程按理论上由浅而深的顺序，完整地介绍给各位。

成煤期的气候温暖湿润，十分有利于植物的生长。地球表面除了海洋、高寒地区和沙漠地区，基本上被大片大片的森林所覆盖。尤其是在滨海平原、三角洲平原、冲积平原等环境中发育起来的沼泽地带，植物的生命更加蓬勃旺盛。在水源、养分供应充足的环境里，它们的生长速度非常快。万事万物有一得必有一失，优裕的物质条件催使成煤期植物迅速成长的同时，也极大地削弱了它们抵抗衰老的能力。整个生命过程，一岁一枯荣的草本植物自不必多言，即使是得天独厚、傲视苍天的木本植物，从初生到死亡，也只用十年、五年甚至更短的时间便草草结束了。当然，引发其死亡的原因还有很多，比如海水入侵、气

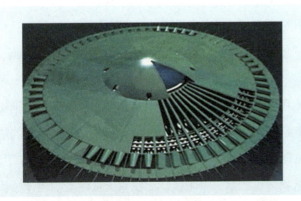

永动机模型

伪科学不同于一时的科学错误，它是一种社会历史现象，要害在于，它在特定的时间和地点冒充科学，把已经被科学界证明不属科学的东西当作科学对待，并且长期不能或者拒绝提供严格的证据。

旺盛的生命

植物世界是一个庞大、复杂的世界，占据了生物圈面积的大部分。从一望无际的草原到广阔的江河湖海，从赤日炎炎的沙漠到冰雪覆盖的极地，处处都有植物的踪迹。植物不仅给人类提供了生存必需的氧气，还给人类提供了食物和能量。位于图片中部的是细胞增殖较为活跃的区域，刺激幼苗生长和分叉。

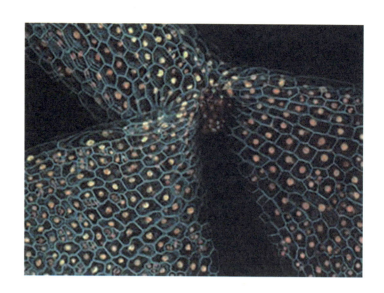

候突变等，但自身基因的优劣仍是掌握其生死的主导因素。短暂的生命旅程，一般情况下，丝毫不会影响它们左携右抱的天伦之乐，闭眼之前，它们早已是子孙绕膝、后代芸芸了。"树"生在世，夫复何求？家族的兴盛，让它们足感欣慰，犹死无憾。

死后的植物就地倒伏，或被凶猛的洪水集体运送至低凹地带，形成规模宏大的"树冢"。水体表层的小部分植物遗体，由于遭受喜氧细菌、放线菌和真菌的劫掠而尸骨无存，大部分则沉入沼泽底部，入"水"为安了。因为水体的隔离作用，越往下氧气越稀薄，所以沼泽底部呈偏酸性的还原环境。厌氧细菌在这里大量滋生，它们靠消耗植物遗体中有机物质所残留的氧勉强维持生计，单单完成生物化学降解作用，而没有闲暇和多余的力气将植物残体完全腐败分解。植物中不同的有机组成在微生物的作用下，分解破坏的速度和难易程度不同，其由快到慢、由易而难的顺序大抵如下：蛋白质、叶绿素、脂肪、淀粉、纤维素、木质素、周皮、种子皮壳、色素、角质层、孢子花粉壳、树蜡和树脂。其结果是形成一种以腐殖酸、沥青质为主，以受不同氧化程度的植物木质纤维组织及较难变化的角质、孢粉质、树脂、树蜡等有机质组分为辅的混合腐殖物质。经此阶段，低等植物和浮游生物的遗体形成腐泥，高等植物的残体则变成泥炭。因此，这一作用施之低等植物称作腐泥化作用，施之高等植物则称作泥炭化作用，是植物成煤的第一个阶段。而积累大量泥炭的沼泽被称

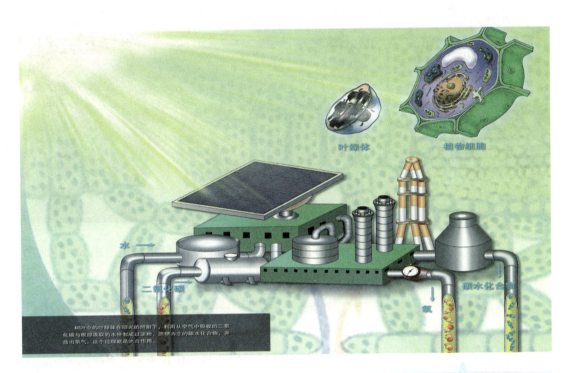

叶绿体　　　植物细胞

水 →

二氧化碳

碳水化合物

氧

树叶中的叶绿体在阳光的照射下，利用从空气中吸收的二氧化碳与根部汲取的水份制成淀粉，营养为主的碳水化合物，并放出氧气。这个过程就是光合作用。

为泥炭沼泽。远古成煤期的泥炭沼泽早已不复存在，它们以煤田的形态或者被我们人类掘起挥霍，或者继续于地底沉睡。

　　大约 9000 年前，于上一次冰河北退之后，泥炭沼泽在地球上又一次大规模发育。据统计，它们之中的 85% 盘踞于纬度较高的温寒带湿润和半湿润气候区。目前世界上在高纬度地区发掘到的大部分泥炭层，其

光合作用

　　植物与动物不同，它们没有消化系统，因此它们必须依靠其他的方式来进行对营养的摄取，植物就是所谓的自养生物的一种。对于绿色植物来说，在阳光充足的白天，它们利用太阳光能来进行光合作用，以获得生长发育必需的养分。

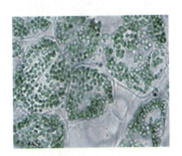

叶绿体电镜图

　　古生物学家推断，叶绿体可能起源于古代蓝藻。某些古代真核生物靠吞噬其他生物维生，它们吞下的某些蓝藻没有被消化，反而依靠吞噬者的生活废物制造营养物质。在长期共生过程中，古代蓝藻形成叶绿体，植物也由此产生。

泥 炭

泥炭是一种经过几千年形成的天然沼泽地产物，是煤化程度最低的煤，同时也是煤最原始的状态，既是栽培基质，又是良好的土壤调解剂，并含有很高的有机质、腐殖酸及营养成分。

琥 珀

琥珀是古近纪和新近纪松柏科植物的树脂，经地质作用掩埋地下，经过很长的地质时期，树脂失去挥发成分并聚合、固化形成琥珀。它常与煤层相伴而生，树脂是植物体中最难降解的部分之一。

泥炭富集程度，从高纬度区到低纬度区迅速递减。这表明当时的气候带布局与现在相差无几，也表明泥炭的积累速度不但取决于植物的生长速度，更重要的是深受植物残体分解速度的制约。低纬度区气候湿热，活跃的喜氧细菌将植物遗体大部氧化分解，只有在长年积水或覆盖条件较好的场所，植物残骸才能较好地保存下来。

当今世上，在许多盛产泥炭的地方，泥炭通常被用来作为日常生活中的燃料使用。观察冰河期遗存下来的或新近发育的泥炭沼泽，我们很容易了解泥炭的基本面貌。自然状态下的泥炭呈块体，含水量高达80%～90%，相对密度（比重）一般为1.20～1.60。分解程度较低的泥炭多呈浅棕色和浅褐色，含有大量植物残体；分解程度较高的泥炭多呈黑褐色和黑色，质地较硬，腐殖酸含量增高，植物残体不易辨认。泥炭的实质就是植物残体的堆积物，质地松软，容易燃烧，是煤化程度最低的煤，同时也是煤最原始的状态。

在生死往复的无数轮回中，一代又一代的绿色容颜衰退，伏尸水底，泥炭沼泽地区的浅水湿地因植物死亡而日

益肥沃；一代又一代的后生力量，吸取前辈的膏脂髓液发芽抽枝，继往开来，将绿色的统治发扬光大。这是一片陶陶其乐如天堂般自得的世界，生死不变，绿荫如旧。

"天长地久有时尽"，多少年了，谁算得清。随着海水入侵、山洪暴发、河流改道，沼泽地带绿色家族的盛运终于走到了尽头。海水入侵的原因很简单，或者是海洋基底抬升，或者是陆地下降，或者是二者同时进行。其结果是滨海地区的泥炭沼泽被海水淹没，划归于海洋的势力范围，已经适应了陆地生活的植物全部死去。山洪暴发、河流改道多发生在内陆地区，起因是连续不断的大暴雨。汹涌的山洪、湍急的河水将花草树木连根拔起，所经之处一片泽国。由于受到泥炭沼泽的阻碍，水流放缓，它们所携带的岩石碎屑在泥炭层表面大量堆积，将曾经的绿色王国占为己有。这些岩石碎屑，后经压实、胶结变成砂岩。日积月累，年复一年，在潮起潮落、水涨水消的不断更迭中，

泥炭沼泽

沼泽地常年积水或土壤过于湿润，生长在那里的植物大多发育有很好的通气组织。植物的根浸没在水中或湿透的泥土中，茎、叶则挺出水面。沼泽植被主要由莎草科、禾本科及藓类和少数木本植物组成。地球上除南极尚未发现沼泽外，各地均有沼泽分布。地球上最大的泥炭沼泽区在西西伯利亚低地，它东西长 1800 千米，南北宽 800 千米，这个沼泽区堆积了地球全部泥炭的 40%。

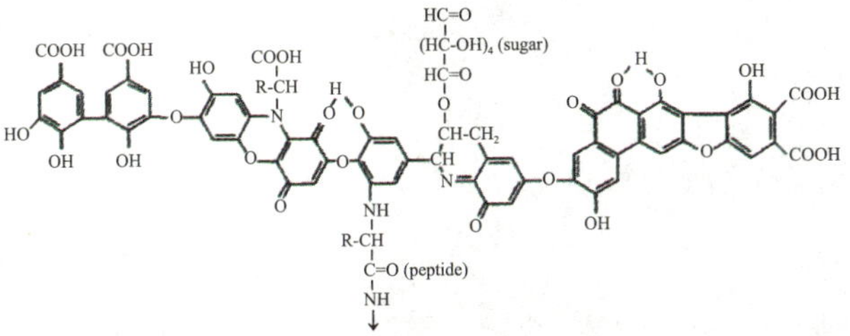

腐殖酸分子结构

腐殖酸在地球上的总量大得惊人，数以万亿吨计。江河湖海，土壤煤矿，大部分地表上都有它的踪迹。

41

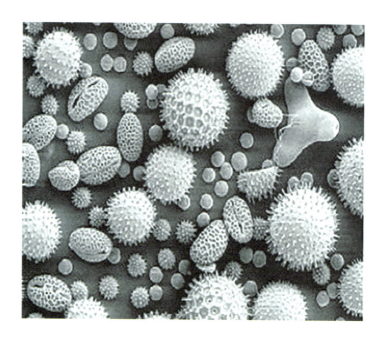

孢 粉

孢子花粉的外壁质密而硬，可保存为化石。外壁又可分为内层和外层，具饰纹。孢子花粉质轻量多，散布极远，各沉积地层中均可保存。

压覆于泥炭层之上的沉积物越来越厚，成煤作用随之进入第二个阶段——煤化阶段。

煤化阶段包括成岩作用阶段和变质作用阶段两个时期。泥炭、腐泥被埋藏后经过压紧、脱水、固结，分子结构简单的腐殖酸通过微生物作用，合成一种黑色的无定形大分子有机胶体。这种叫作腐殖质的胶体性质稳定，呈酸性，具有很高的氮含量。这时的泥炭，碳的含量增加，氧、氮、氢等元素减少，胶体陈化，颜色加深。严格来讲，它已经不是泥

大洪水

大洪水是世界多个民族的共同传说，在人类学家的研究中发现，美索不达米亚、希腊、印度、中国、玛雅等文明中，都有洪水灭世的传说。当然，成煤时期的大洪水，人类无法得见，但洪水的痕迹被岩层记录下来，为我们揭开远古的秘密提供了第一手资料。

炭，而该转叫褐煤了。这一以压力为主导，由泥炭或腐泥而变为褐煤的过程，叫作成岩作用。褐煤之后，在温度、时间、压力三大因素的联合作用下，变质作用开始，使其内部结构、化学组成、物理特征以及工艺性能都呈规律性变化。这一变化的最显著特征是碳含量进一步增加，氧、氮、氢等元素进一步减少。随着碳化程度的提高，褐煤依次变为烟煤、无烟煤、天然焦、石墨。

至此，植物成煤作用宣告结束。

以上行文，我姑妄以外行的浅薄，勾勒出一幅植物成煤的草图。而隐于这草图之后，致力于此业的研究者为穷其究竟所下的功夫，岂是只言片语所能道尽，只能说大致如此吧。如有探究的兴致，不妨读一读业内有识之士的专著。植物死亡之后，由泥炭而褐煤、而烟煤、而无烟煤的一系列演变，已形成一套完整的理论，而且其中的一些关键细节可以在实验室中得到检验，昭然若揭于天下。以现在人类的认知水平，还很难驳倒它。驳不倒的东西，不见得是真理，但由不得你不信。话虽专制了些，却是至理。

沼泽淤塞的进程

成岩作用和变质作用是从沼泽的淤塞开始的。

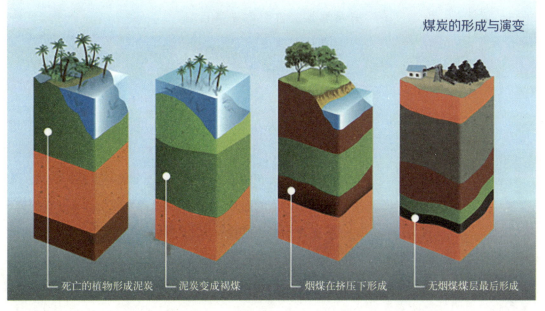

煤炭的形成与演变

死亡的植物形成泥炭　泥炭变成褐煤　烟煤在挤压下形成　无烟煤煤层最后形成

四、光华聚敛　闷闷独行
——煤炭的分布及赋存

假如把悠长的地质历史
压缩在一个人类可以感知的空间，
我们会看到，
大地如同波浪般激荡开去，
我们会听见，
岩层摩擦、破裂的隆隆巨响
自地心滚滚而来。

开宗明义

道可道，非常道；名可名，非常名。无，乃天地之始，有乃万物之母。故常无，欲以观其妙；常有，予以观其徼。此二者同出而异名；同谓之玄，玄之又玄，众妙法门。

西方人认为，中国人生而独具其他民族所不具备的"道性"。

"道"，在中国哲学史上是一个极其重要的概念。从人类思想由宗教而哲学、而科学这条发展轨迹来分析探究，很容易得出以下结论：道，对科学技术有着无可非议的指导作用。任何科技学术的成果，无论现代还是古代，若追本溯源，大抵都可以归于某种哲学或宗教的旗帜之下。道的作用是如此之大。它究竟是什么呢？观览世界三大宗教——天主教、伊斯兰教、佛教，无一例外，均声言天地日月、山川河流、花草鱼虫，无论天上飞的，水里游的，地上跑的，自然也包括我们人类在内，都是某一

位"乾坤在手，万化由心"的神仙级人物因其慈悲为怀的一念所致而造就，始终不能摆脱创世主思维的藩篱。这个创世主，天主教称之为上帝，伊斯兰教称之为主，佛教称之为如来。比较而言，我们中国的本土宗教——道教，却突破了人格化、神格化的壁垒，称万物万有同出于道。道就是我们这个物质世界的本体、本源、本来。换句话说，它代表纯粹的、不掺杂丝毫主观幻想的、形而上的客观规律，非神非鬼，非主非佛。上帝也好，佛祖也罢，抛开这些称谓不论，单就其思想实质而言，中国古圣先贤的思维方式无疑是最接近实际、最科学的。

当骑在青牛背上悠然向西出走函谷关之时，老子万不可能想到，一部寥寥五千言的《道德经》会成为中国文化的精髓而代代传承。他当然也想不到，他那些提纲挈领、高深精妙的哲学思想为后世神仙丹道派人物提供了断章取

老子

　　老子试图建立一个囊括宇宙万物的理论。他认为一切事物都遵循这样的规律（道）：事物本身的内部不是单一的、静止的，而是相对复杂和变化的。事物本身即是阴阳的统一体。相互对立的事物会互相转化，即是阴阳转化。方法（德）来源于事物的规律（道）。

爱新觉罗·奕譞

　　清朝后期，当科学技术在世界各地突飞猛进之时，掌握重权的和硕醇亲王爱新觉罗·奕譞却多次秘密上书，建议慈禧太后"摈除一切奇技淫巧、洋人器用"。

　　义的便利，而自成一套养气保命以求长生的说辞和功法，致使中国人探索自然的努力就此误入歧途。如果老子在天有灵，不知做何感想。加之受到历代王朝"重农轻商"、"奇技淫巧"等观念的束缚，在科技领域，除了让中国人骄傲了几千年的四大发明之外，几乎再无建树。特别是科技突飞猛进、日行千里的当今世界，这种遗憾尤为严重。倒是那些高鼻阔嘴的外国人，对老子的精神，体会得似乎更深刻、更精进一些。他们擅于去繁就简，透过芜杂的表象，直指事物的本来，并总结规律，形成理论。比如有关地质方面，再进一步缩小范围，只限定于煤田地质领域，其间涌现出很多在理论和实践方面均有所突破、有所成就。

　　闲话不叙，先请诸位着眼于下面这张图。

　　只需稍加注意，我所希望借此图传递给大家的信息即可了然于胸。这是一张世界煤炭资源分布的示意图。所谓

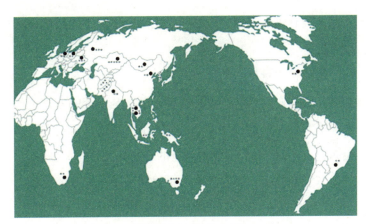

世界煤炭资源分布图

　　示意当然是：大致如此，未必尽然。尽管不甚准确，但参照前人的实践成果，为世界范围内的煤炭资源划定其既成的、自然的地理区域，得以在偶然读到此文的诸位的记忆里，留下一个依稀的宏观映像，这张图基本上还是可以胜任的。

　　图中最为打眼之处恐怕非那些个黑色的小方块莫属吧。这些代表煤炭的小方块，或聚或散广布于世界各地。直观比较起来，煤炭资源的配给量，北半球所获得的恩赐要比南半球丰厚得多。从储量来看，南北半球所占比例分别是：北半球高达 96%，南半球仅区区 4%。而且，北半球的煤炭资源高度集中在亚洲、北美洲和欧洲的中纬度地带，于北纬 30°～70°之间形成世界上两条巨大的煤炭蕴藏带，也称聚煤带，合占世界煤炭资源的 70%以上。这两条聚煤带，一条横亘欧亚大陆，东起中国东北、华北煤田延伸到俄罗斯的库茨巴斯、伯绍拉，哈萨克斯坦的卡拉干达和乌克兰的顿巴斯煤田，波兰和捷克的西里西亚，德国的鲁尔区，再向西越海到英国中部；另一条呈东西向绵延于北美洲的中部，包括美国和加拿大的煤田。而南半球，将所剩无几的那 4%的煤炭保有量，大部分局限在澳大利亚、南非和博茨瓦纳等温带地区。另外，南极洲的维多利亚地区及其他地

莱伊尔

莱伊尔·查尔斯，英国著名地质学家、现代地质学奠基人。他应用现实主义原则特别是"将今论古"方法，提出了渐进论，第一次把理性带进地质学中，以地球的缓慢的变化这样一种渐进作用，代替了由于造物主的一时兴发所起的突然革命，逐渐成为百余年来地质学及其研究方法的正统观点。

区也发现有煤炭资源，但是我们还难以估算出比较确切的数量。

是何种力量让它们如此分布？似乎神妙莫测，却井然有序；诚然厚此薄彼，更是纷争难解。是上帝的安排，还是佛祖的旨意？宗教信仰可能使人清明通达，但也有可能让你走火入魔。我们不能把所有的难题都抛给神灵去解决，所谓万能的上帝，面对科学，也许只是一个无知的白痴。所以，与其冒着精神错乱的危险聆听人造天神无谓的执着，不如抱定一点科学的心念与我一起坐而论道。

列位大概已经知道，煤炭的形成具有一定的时限性，并不是地质历史的任何时期都有煤炭形成。煤炭的形成，必须具备两个重要的条件：一是广袤的植被，一是适宜的地质构造。广袤的植被为煤炭的形成提供了坚实的物质基础，而适宜的地质构造则是煤炭形成过程中一系列物理、化学演变的完成场所，两者缺一不可。地质时期中，完备这两个条件的有：古生代的石炭纪、二叠纪，中生代的侏罗纪、白垩纪，以及新生代的古近纪和新近纪。这一点，我在前文中已经交代得很清楚了。需要补充说明的是，这几个主要的聚煤期各自形成的煤炭在世界煤炭资源总量中所占的比重不同：石炭纪占 21%，二叠纪占 9.9%，白垩纪占 16.8%，侏罗纪占 8.1%，古近纪和新近纪占 23.6%。

上面这组数字之所以出现在这里，是因为它们曾激发起我对古气候和古地理的浓厚兴趣。

就近来讲，起源于同一祖先的人类，从一开始就迫于环境和生存的双重压力而四处游荡。尤其是气候的影响，使人类的基因在不断迁徙中产生突变，而分支出在肤色、眼色、发色、发型、头型、身高等特征上有显著区别的各类人种，成为我们这个星球上分布最广的物种。至今，人类仍然沿袭着这种古老的习惯，流动的脚步从未有过片刻的停止。只是随着脑部结构的日臻完善和心理机能的日渐成熟，由本初以猎食为目的的漫游，演变而为以猎奇为目的的旅游。我们是痴迷旅游的人类。或许，在南疆妙曼的碧海黄沙，你领略过尼格罗人那狂放的舞步；或许，在苍茫的热带雨林，你挥舞着利刃增长过披荆斩棘的经验；或许，在北方一望无际的茫茫冰原，你曾像因纽特人那样，与风雪严寒搏斗……在亲历异域风情之前，许多人都会想方设法利用种种途径了解当地的气候环境、风物人情，希望在未来几天短暂的逗留期间，以彻底放松的心情，迅速地融入或温馨烂漫或刺激冒险的生活中去。这是一个很聪明的好习惯。因此，很多老练的旅行家，在踏上旅途的那一刻，因为已经掌握了许多有趣有用的信息而显得胸有成竹、优哉游哉。以后的日子里，他们需要

中国煤炭资源的分布

　　我国煤炭资源在地理分布上的总格局是西多东少、北富南贫。而且主要集中分布在目前经济还不发达的山西、内蒙古、陕西、新疆、贵州、宁夏等6省（自治区），它们的煤炭资源总量为4.19万亿吨，占全国煤炭资源总量的82.8%。我国煤炭资源赋存丰度与地区经济发达程度呈逆向分布的特点，使煤炭基地远离了煤炭消费市场，煤炭资源中心远离了煤炭消费中心，从而加剧了远距离输送煤炭的压力，带来了一系列问题和困难。

奥莫低谷

　　坐落于埃塞俄比亚的南部，靠近美丽的图阿卡那湖。现代人"非洲起源说"认为：19.5万年前，居住在这里的原始人开始沿着印度洋海岸线"走出非洲"，先移居到中东和中亚地区，进而移居到全世界，逐渐演化为现代人类。

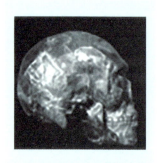

奥莫Ⅱ号化石

一件赫赫有名的人类头骨化石，据说是人类的祖先，生活年代距今约19.5万年前。发现于非洲埃塞俄比亚的奥莫低谷。

因纽特人

生活在北极附近的土著——因纽特人（Inuit）是地地道道的黄种人。大约一万年前从中国北方迁徙至北极，所以他们与亚洲同时代的人有某些相同的文化特色，在身体和生理上都有适应寒冷的特点，面部宽大，颧骨显著突出，眼角皱襞发达，四肢短，躯干大，外鼻比较突出，上、下颚骨强有力地横张着，因头盖正中线像龙骨一样突起，所以面部模样呈五角形。

做的就是验证和消化这些提前装进脑子里的知识。居住在炎热非洲沙漠的尼格罗人，他们黝黑的皮肤含有较多的色素，可以避免过多的紫外线照射，他们卷曲的头发可以起到隔热的作用；而生活在严寒北极的因纽特人，之所以肢体粗短，是为了最大限度地保持身体的热量；蒙古人宽阔的富含脂肪的面颊、较为扁平的鼻部和额部，是由于亚洲中部寒冷的多风沙气候造就的。凡此种种，虽然不能简单地把某些人种的某些特征归结于自然环境的作用，但有一点可以肯定，自然环境是人种分异最显著的诱因之一。

引而申之，古气候在生命的诞生、发展、演变这一链条中，以其至关重要的作用，有效地将各种生命的分布、盛衰，甚至大小、形态等各个细节完全笼罩于自己的势力之下，精雕细刻，面面俱到。

植物界的风貌，更是被气候条件所一手策划和操纵。从赤道到两极，主要依据太阳热量在地球上的分布状况，

将地球划分出五个气候带，即热带、南北温带、南北寒带，顺着经线方向呈带状延伸。相应地，在各个气候带中的植物也不尽相同。在南、北纬23.5°之间的亚马孙河流域、刚果河流域和东南亚地区，分布着占全球陆地总植物量40%之多的热带雨林。在这里，没有明显的季节变化，气候高温潮湿，树种繁多，结构复杂，

乔木高达 30 米以上，有的甚至可达 40 ~
60 米，主干挺直，终年常青。在热带雨林
外围，由于干湿季节的交替，生长着干季
落叶、湿季葱绿的植物类型。与热带雨林
相比，这里的植物结构变得较为简单，乔
木的高度也减低了不少。往两极方向，越
过热带季风气候区，由橡树、槭树、千金
榆等树种组成的落叶阔叶林和以壳斗科、
樟科、山茶科等为建群种的亚热带常绿阔
叶林，我们将透过春季飘飞的柳絮、秋季
杨树、槐树缤纷的落叶，体验到四季分明
的温带季风气候给这个区域所带来的夏荣
冬枯的色彩变化，以及居住在这里严格遵
循秋收冬藏的人们千古未变的生活节律。
高纬度的寒温带，夏季温湿而短暂，冬季
严寒而漫长。为抵御严寒，减少体内水分
的蒸发，这一地带的树木努力直挺向上以
采取更多阳光的同时，尽量把叶子缩小变
细，针一样密密地围裹在枝条周围。由云

北 极

北极与南极一样，有极昼和极夜现象，越
接近北极点越明显。在那里，一年的时光只有
一天一夜。即使在仲夏时节，太阳也只是远远
地挂在南方地平线上，发着惨淡的白光。北极
的冬天是漫长、寒冷而黑暗的，从每年的 11 月
23 日开始，有接近半年时间将是完全看不见太
阳的日子。温度会降到零下 50 多摄氏度。此时
所有海浪和潮汐都消失了，因为海岸已冰封，
只有风裹着雪四处扫荡。

尼格罗人

世界三大人种之一，泛指世界各地的黑人。
也特指分布在非洲大陆撒哈拉以南的黑人居民。
其体质特征为皮肤黝黑，头发鬈曲，体毛极少，
鼻扁唇厚，腭凸明显。

杉、冷杉、落叶松聚集而成的针叶林，非常广阔地分布在亚欧大陆北部的茫茫雪原。而由巨厚冰层所覆盖的南极和北极，除少数几种能够忍受如此极端恶劣环境的动物之外，一眼望去，寸草不生。这里几乎是植物的禁区。

借此我们可以总结出一些规律，由赤道到两极，即由热带到寒带，随着气候的变化，植物品种趋向单一，个体逐步变矮，叶子也渐次变小。这是现代植物在地球上的基

撒哈拉沙漠

撒哈拉沙漠是世界上除南极洲之外最大的荒漠，是地球上最不适合生物生长的地方之一。"撒哈拉"是阿拉伯语的音译，原意即为"大荒漠"。

五带分布图

气温是气候的重要因素，反映一个地区的冷热状况。由于地球公转和地球形状的影响，地表各地一年四季接受太阳热量是不同的。热带地区有太阳直射，太阳高度角终年较大而全年炎热；温带则冬夏太阳高度角差异大而四季分明；寒带太阳高度角小，有极昼极夜而全年寒冷。根据气温不同可以大致把全球分为五带。

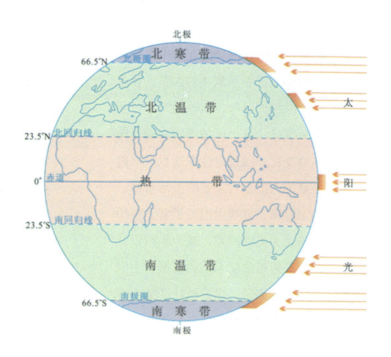

热带雨林

热带雨林是陆地生态系统中生产力最高的类型。这里全年高温多雨，无明显的季节区别，年平均温度 25 ~ 30℃，最冷月的平均温度也在 18℃ 以上。由于有超过四分之一的现代药物是由热带雨林植物所提炼，所以热带雨林也被称为"世界上最大的药房"。

本状况。那么，它与煤炭资源的分布有什么关系呢？可以说，没有半毛钱关系。但它与现代泥炭沼泽的形成和分布密不可分。

在"绿精灵的涅槃之旅——成煤作用"一章中曾说过：上一次冰河世纪结束以后，地球的温度回升，逐渐形成了与现在布局相差无几的气候带。就在这个时候，大约 9000 年前，泥炭沼泽在地球上又一次大规模发育。据统计，它们之中的 85% 盘踞于纬度较高的温寒带湿润和半湿润气候区。目前世界上在高纬度地区发掘到的大部分泥炭层，其泥炭富集程度，从高纬度区到低纬度区迅速递减。这表明当时地球的植被面貌与现在大体相当，也表明泥炭的积累速度不但取决于植物的生长速度，而且深受植物残体分解速度的制约。低纬度区气候湿热，活跃的喜氧细菌将植物遗体大部分氧化分解，只有在长年积水或覆盖条件较好的场所，植物残骸才能较好地保存下来。

世界煤炭资源分布图告诉我们，世界 70% 以上的煤炭资源，集中在北纬 30° ~ 70° 之间的广大地区，并形成两条巨大的煤炭蕴藏带。细心的人会发现，这一地带也是现代泥炭沼泽高度发达的地区。二者的吻合程度几

温带落叶阔叶林

构成温带落叶阔叶林的主要树种是栎、山毛榉、槭、梣、椴、桦等。它们具有比较宽薄的叶片，秋冬落叶，春夏长叶，故这类森林又叫作夏绿林。

魏格纳

魏格纳，德国气象学家、地球物理学家，1880年11月1日生于柏林，1930年11月在格陵兰考察冰原时遇难。1912年1月6日，他在法兰克福地质学会上做了题为"大陆与海洋的起源"的演讲，提出了大陆漂移的假说，因此被称为"大陆漂移学说之父"。

乎像一一对应的关系那样合理明了，似乎简单地就解开了煤炭资源所以如此布局的秘密。不过尔尔！

真的是这样吗？

其实不然。我可以负责任地告诉你：不要高兴得太早，你受骗了。骗你的正是你引以为傲的直觉，你的"不过尔尔"真的与实际情形相差甚远。差多少？也许十万八千里。

真相是什么呢？这得从13亿年前的中元古代说起，我将试着用板块构造学说和大陆漂移学说来揭晓答案。

"天下大势，分久必合，合久必分。"抛开人世间的来来去去、循环往复，《三国演义》这句开宗明义的千古名言，不经意间竟道出了自然的真谛。

10～13亿年前，漂散在原始海洋各处大大小小的岛屿，完成了一次不可思议的聚拢，

泛古大陆

大陆漂移说认为，10～13亿年前，地球上的大陆是彼此连成一片的，从而组成了一块原始大陆，称为罗迪尼亚泛古大陆。它的形成过程被称为格林维尔事件。泛古大陆的周围是一片汪洋大海，叫作泛大洋。

形成了当时地球上唯一的大陆——罗迪尼亚泛古大陆。没有人知道它确切的坐标和涵盖的范围，甚至它的有无都存在着诸多疑问。19世纪以前，人们尚未系统地研究过地球整体的地质构造，对海洋与大陆是否变动的争论，是在德国人魏格纳提出大陆漂移说以后开始的。随着年轻一代的成长，人类思索的路线不断向地球形成之初推进，各种言辞凿凿的假说，在大陆漂移说的基础上，很有些道理地纷纷出台，并逐渐为后人认可和接受。虽然迄今为止，罗迪尼亚仍是一个由各种假说刻画而成的假想大陆，但它在许多著名学者的论文中被一再提及，以至于它的轮廓，至少在地质学界是这样的，越来越清晰地固定在人们的脑子里。三人成虎，它似乎真真切切地存在过。它就像一条巨大的船只，孤傲而平静地铺陈在波涛汹涌的大洋之上，以花岗岩的厚重和致密，竭力与位居其下而密度更大的玄武

板块构造学说

　　板块构造学说是在大陆漂移学说和海底扩张学说的基础上提出的。大洋中脊是地幔对流上升的地方，地幔物质不断从这里涌出，大洋壳发生破裂。当移动的大洋壳遇到大陆壳时，就俯冲钻入地幔之中，在俯冲地带，由于拖曳作用形成深海沟。向上仰冲的大陆壳边缘，被挤压隆起成岛弧或山脉。根据板块学说，大洋也有生有灭，它可以从无到有，从小到大；也可以从大到小，从小到无。

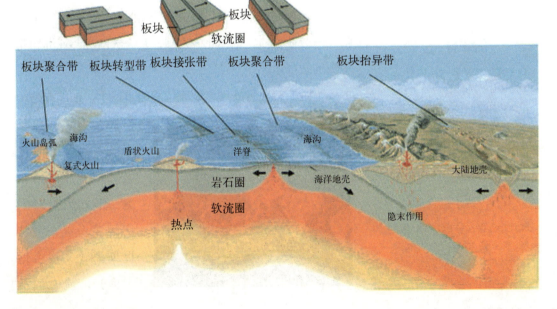

岩保持着均衡，维系着来之不易的统一。

孤阳不生，独阴不长。就在罗迪尼亚完成统一的一刹那，于海洋深处，一场由来自于地球内部的某种巨大力量所主导的破坏这平衡局面的阴谋，也伺机而动了。分裂的企图在黑暗中进行，时而剧烈，时而和缓。海沟不断加深，断层不停延展，猛烈的火山喷发时时伴随左右。这种力量塑造着我们的地球，恒久绵长，势不可挡，亿万年间，始终保持着旺盛的斗志。物极必反，否极泰来，聚合的力量在此消彼长的缠斗中渐处下风，罗迪尼亚表面的平静终于被撕裂了，凑合起来的陆块四散漂移。那情形似乎可以用形象的语言加以描绘："脆弱的陆地之舟，航行在坚硬的海床上"。

光阴似箭。经过漫漫4亿～7亿多年的孤苦飘零，到了大约5.7亿～5.5亿年前，于古生代的大门即将开启之际，先后从罗迪尼亚泛大陆游离出来并散布在南半球的陆块，包括现在的南美洲、非洲、澳大利亚、南极洲以及印度半岛、阿拉伯半岛，近年来研究表明还包括中南欧和中国的喜马拉雅山等地区在内的构造单元，在异地他乡重新聚首，组合成一个新大陆——冈瓦纳古陆，又称南方古陆。与此同时，古北美陆块、古欧洲陆块、古西伯利亚陆块和古中国陆块，这些与南方古陆一脉相承的构造板块，依然在重新聚合的道路上艰苦跋涉着。石炭纪之前（3.54亿年前），在北半球的海洋中漂泊了6亿～9亿多年后，它们也完成了团聚，组合成为当时地球上的另一个大陆——劳亚古陆，也称北方古陆，是今天欧洲、亚洲和北美洲的结合体。

当时的劳亚古陆许多地区位于北半球中、低纬度带，而冈瓦纳古陆位于南极点到南纬30度之间。一片西窄东宽、形如喇叭口的广阔深海区——特提斯海（又称古地中海），使它们彼

洋中脊

洋中脊又名大洋中脊、中隆或中央海岭，为地球上最长、最宽的环球性洋中山系。在太平洋，其位置偏东，称东太平洋海隆。大西洋中脊呈"S"形，与两岸近于平行，向北可延伸至北冰洋。印度洋中脊分3支，呈"人"字形。三大洋的中脊在南半球互相连接，总长达8万千米，面积约1.2亿平方千米，占世界海洋总面积的1/3。

此孤立。同时每块大陆上的动植物也被隔离，各自成体系，独立进化，导致目前风格迥异的生物地理格局。

　　进入泥盆纪，生物的演替已然经过多次飞跃，植物与动物先后征服了大陆。其时的地球，气候业已成带状分布，南北温差虽不似今天如此极端，但两级冰天雪地、赤道烈焰当空的基本格局一如现在，而且当时全球的平均温度比现在要高出许多。劳亚古陆上，地处中、低纬度带的区域

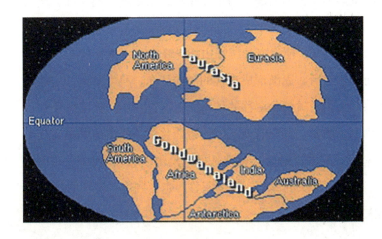

地中海

地中海被北面的欧洲大陆、南面的非洲大陆和东面的亚洲大陆包围着，东西共长约 4000 千米，南北最宽处大约为 1800 千米，面积约为 2,512,000 平方千米，是世界最大的陆间海，也是世界上最古老的海，历史比大西洋还要古老。位于其东部的爱琴海，是西方欧洲文明的摇篮，现代民主的滥觞。

全年温暖湿润，呈现出绿树成荫、森林繁茂的壮观景象。尤其是那两条聚煤带，比现在的位置更远离赤道，恰好避开了微生物分解作用极度活跃的赤道地带。在植物家族蓬勃繁衍的同时，泥炭沼泽占尽天时地利，也获得高度发展，促就了这一时期这一地区几近痴狂的能源大融聚。南半球的冈瓦纳古陆，除少数地区，比如印度半岛和阿拉伯半岛等，有幸沐浴充足的阳光之外，其他广大地区，由于接近南极而终年冰雪覆盖，草木凋敝。这大概就是煤炭在北半球蕴藏丰富而在南半球寥若晨星的原因。

发生在石炭纪中期至二叠纪初期的大冰期，几乎消灭了地球上所有的生物。持续时间长达 8000 万年之久的严寒，把坚硬的陆地蹂躏得脆弱不堪，似乎一点小小的外力就会让它们分崩离析。到了中生代，两大古陆——劳亚古陆和冈瓦纳古陆，好像有什么约定似的，几乎在同一时间又开始分裂了。在北半球，大西洋重新开裂，北美洲与欧洲大陆再次分离，至新生代时，北大西洋也基本形成；格陵兰岛则脱离欧洲大陆，逐渐孤立。在南半球，南美洲与非洲分离，南大西洋开始扩张；新生代时，由于红海的形成，阿拉伯半岛脱离非洲，与早在侏罗纪末期就和南极洲、澳大利亚陆块分离的印度半岛一起加入到欧亚板块这个大家庭中；印度半岛携带着远涉重洋的巨大惯性，猛烈撞向亚洲大陆的南部边缘，使得喜马拉雅山脉异峰突起、越隆越高。

劳亚古陆和冈瓦纳大陆全面解体之后，逐渐形成现代的海陆分布。科学家说，全球新的造山地带的形成和分布，都是两大古陆破裂和漂移的结果。在这过程中，大陆岩块的不均匀向西运动和离极运动的规律十分明显。总的看来，劳亚古陆曾位于北半球的中高纬度带，冈瓦纳古陆则曾一度位于南半球的南极附近。也就是说，集中于北纬 30°～70° 之间的那两条聚煤带，是随着北半球大陆板块的漂移，慢慢南移西走，到达了现在的位置。

"子在川上曰：逝者如斯夫？"

人类有限的知觉，不能帮助我们像感知水流冲击脚踝那样感知山峦的隆起沉降、裂谷的扩张闭合，但不时见诸于报端媒体的火山爆发、地震频发，时刻提醒着我们：我们脚下的大地正不舍昼夜地在大海上飘荡，沧海桑田的巨制仍在循环往复地演绎。假如把悠长的地质历史压缩在一个人类可以感知的空间，我们会看到大地如同波浪般激荡开去，我们会听见岩层摩擦、破裂的隆隆巨响自地心滚滚而来。我们当然可以想象得到，深埋于地下、同为岩石的煤炭，也会在起起伏伏中褶皱、断裂、崩塌，不断变化自己的形态。它们有的被地火化为灰烬；有的被四面八方的应力撕扯得支离破碎；有的被隆起的山峰托举到地表，在严寒酷暑、狂风暴雨中慢慢消磨成一抔泥土；更多的则以超强的忍耐力承受着层层叠叠的地热和高压的锤炼，不断

世界六大板块

各大板块是不断移动的，板块内部地壳比较稳定，板块与板块的交界处地壳比较活跃。板块运动的结果是：地壳受挤压形成山脉和谷底，地壳受拉张形成裂谷。挤压和拉张使地壳上升或下降，从而引起海陆变迁。其中除太平洋板块几乎全为海洋外，其余五个板块既包括大陆又包括海洋。

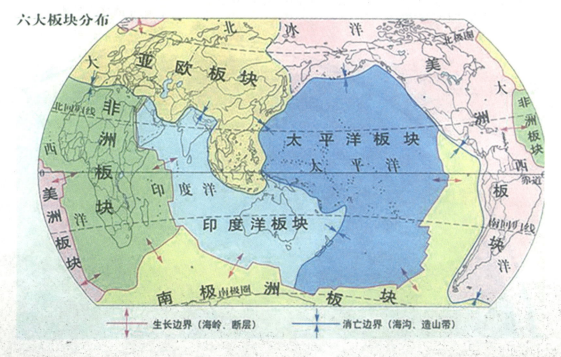

六大板块分布

生长边界（海岭、断层）　　消亡边界（海沟、造山带）

褶皱

岩层在形成时，一般是水平的。岩层在构造运动作用下，因受力而发生弯曲，一个弯曲称褶曲，如果发生的是一系列波状的弯曲变形，就叫褶皱。它是地壳上一种常见的地质构造，在层状岩石中表现得最明显。有些褶皱的形成就像用双手从两边向中央挤一张平铺着的报纸。报纸会隆起，隆起得过高以后，顶部又会弯曲塌陷。褶皱也并不都是向上隆起，褶皱面向上弯曲的称为背斜；褶皱面向下弯曲的称为向斜。褶皱的大小相差悬殊，大的绵延几千米甚至数百千米，小的却只有几厘米甚至只有在显微镜下才能看到。

褶皱山

褶皱山是地表岩层受垂直或水平方向的构造作用力而形成岩层弯曲的褶皱构造山地。新构造运动作用下形成高大的褶皱构造山系是褶皱地貌中最大的类型。板块碰撞是其动力作用的基础。褶皱构造山地常呈弧形分布，延伸可达数百千米以上。

升华着自身的品质，等待在未来的某一天被人类全面接收。

相形之下，人类何其自私。接手地球以来，我们没有底线的索取，已经让空气变脏、江河发臭、山峦失色、地力枯竭。我们的家园满目疮痍。上天赋予人类超凡的智能，是指望我们遵循天地间固有的规律，适应自然，保护自然，而非为了一己之私，不顾死活地大搞破坏。呼吸着肮脏的空气，饮啜着

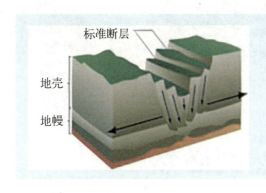

标准断层

地壳

地幔

断　层

地壳岩层因受力达到一定强度而发生破裂，并沿破裂面有明显相对移动的构造称断层。它是构造运动中广泛发育的构造形态。它大小不一、规模不等，小的不足一米，大到数百、上千千米。但都破坏了岩层的连续性和完整性。在地貌上，沿断层线常常发育为沟谷，有时出现泉或湖泊；大的断层常常形成裂谷和陡崖，如著名的东非大裂谷、中国华山北坡大断崖。

醒醒的河水，我们还能够走多远呢？

老子说："道大，天大，地大，人大。域中有四大，而人居其一焉。故人法地，地法天，天法道，道法自然。"让我们在圣人的劝诫中共勉：尊重自然就是尊重自己。

东非大裂谷

当乘飞机越过浩瀚的印度洋，进入东非大陆的赤道上空时，从机窗向下俯视，地面上有一条硕大无朋的"刀痕"呈现在眼前，这就是著名的"东非大裂谷"。这条长度相当于地球周长 1/6 的大裂谷，气势宏伟，景色壮观，是世界上最大的裂谷带，有人形象地将其称为"地球表皮上的一条大伤痕"，古往今来不知迷住了多少人。

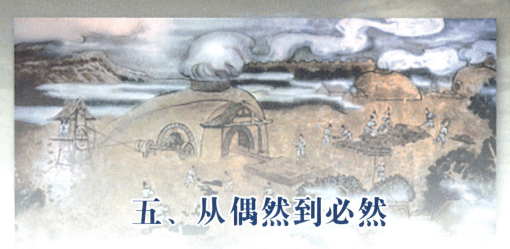

五、从偶然到必然
——煤炭的早期利用

人类发现煤炭的那一天，

将永远是一个谜。

时间曾精确地记载了那一刻，

却又漫不经心地磨灭了那一刻。

煤炭所饱含的亿万年前的太阳的力量，

必将成为推动人类进步的主要动力。

现在，我们到了追随人类的时候了。

凭着野兽留下的蛛丝马迹追捕猎物，是人类最早学会的技能之一。这种古老实用的方法，被考古学家们沿用至今。他们"嗅觉"灵敏，游走于世界各地，在历史的河床中挖掘着我们每个人的家族故事。

起初，在危机重重的环境中，人类卑微的生命，不比野兽更高级。后来，越来越活跃的思维和越来越灵巧的双

煤精饰品

中国是世界上最早利用煤的国家。但不是用来燃烧，而是先用来雕磨成品。也有人据此推断雕磨过程中人类不经意用火引燃了煤炭。

手，帮助他们有了余粮、积蓄、财富和爱美之心，他们头顶开始出现一片挡风避雨的屋顶。一种致密、光亮，现在称之为煤精的黑色石头，被 7000 年前居住在中国东北部的人们研磨制作成可能用于巫术的耳珰形、泡形、圆球形小玩意。1973 年以来，作为人类爱美之心与生俱来最有力的物证和人类最早利用煤炭的经典事件，得到了全世界的广泛关注。我们现在看到的可以称之为饰品的煤精手镯、指环等是在 3000 年前的西周时期出现的。

接下来的几千年，人类致力于创造文字。古埃及的象形文字、苏美尔人的楔形文字、中国人的甲骨文相继问世。文字是一种非常有用的发明。没有了文字，要编织人类历史这张大网，就算用光世上所有的绳子，恐怕也难有尺寸之功。诚然每一条绳索中都隐藏着我们人类无数的大事小情，但谁又能解得开那些谜团一样的绳结呢？幸好有了文字，人类文明才得以在不断继承和突破中存留巩固。文字把我们的历史妆扮得靓丽无比。但是，我们必须非常留心，因为文字往往会戏弄我们。它有一种迟缓滞后的天性，其中交织着人类的

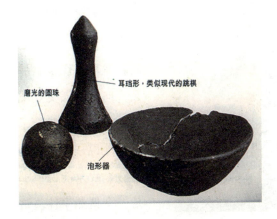

磨光的圆球

耳珰形，类似现代的跳棋

泡形器

沈阳新乐遗址

新乐遗址是新石器时代原始社会古文化遗址，1973 年首次发掘。出土文物中还有极为珍贵的煤精制品。这是中国最早的煤雕工艺品，已有七千年历史。学者对它们的用途看法不一，有说是装饰品，有说是文娱用品，大多数则以为与巫术有关。

楔形文字

约在公元前 3000 年左右，青铜时代的苏美尔人用泥板通过图画的形式记录账目，这些图画是世界上最早的文字。楔形文字笔画成楔状，颇像钉头或箭头，所以也叫"钉头文字"或"箭头字"。

女娲补天

女娲，中国先秦著作《山海经》中的神话人物。据称她有神圣之德，人首蛇身，是中国神话谱系中一位古老的女神。她用黄土和水，仿照自己的样子造出了人。女娲还创造了瑟、笙、簧、埙等中国的传统乐器，被奉为音乐鼻祖之一。一说女娲是一个真实存在过的历史人物，主要活动于黄土高原，她的陵寝位于山西省临汾市洪洞县赵城镇东的侯村。

好恶之心，常常使我们无法准确断定事情发生的真实年代，甚至事情本身都真假难辨。打个比方，当我谈到女娲炼石补天时，大家都会说，那不过是一个美丽的神话，但我们的祖先们却笃信其真。倘若根据那部富于神话传说的地理奇书——《山海经》的记叙，充满幻想地将我们使用煤炭的记录提早至人类起源之初，也就是虚无缥缈的女娲拯救其徒子徒孙的那个时代，多数中国人会因为自己的先人有如此高超的智慧而感到无比骄傲。但欧洲人会不以为然，因为在《山海经》成书之后 100 年，即公元前 4 世纪，古希腊哲学家和科学家，被尊称为植物之父的泰奥弗拉斯托斯，在他的《论石》中，也对煤炭的性质和产地做过详细描述。他们认为，相较于荒诞不经的神话传说，科学家的著作更为可信，无论这神话的流传历史有多么久远。

很显然，新石器时期的中国人对煤炭的认知与它的实际功用天差地远。但可以肯定，在此之前，他们就发现了煤炭。那么，何处是人类发现煤炭的起点呢？除了惭愧地说一声"不知道"，我只能说：那是一个偶然事件。这是我唯一能告诉你的。

假如把人格赋予煤炭，几百万年里，它眼睁睁地看着人类于山间林地来往匆匆，捡拾槁木枯枝，以保持火种不灭。生性并不敏感的它，每隔一段时间，就会借助雷电山火点燃自己露出地表的那一部分，来启迪人类，以致把整座山头烧得红彤彤的。然而，即便已经有相当的了解，人类对火的恐惧仍一如从前。他们或者惊恐地跑开，或者只敢壮起胆子游走在大火的边缘地带，抢食烤熟的野兽残体。

有时偶然的，一个特别好奇的原始人踏过灰烬，把从山崖崩落、尚未燃烧的这种黑色石头，带回驻地。他

举着灼伤的手指，顶着烧焦的毛发，用我们听不懂的语言炫耀自己的新发现：他找到一种能发出不太炫目的光芒和大量的热的神奇石头。他的勇敢遭到其他人的奚落，因为这种石头既不容易点燃，也不像木头那样能够钻出火来。一位富有经验的长者乘机讲述了一件可怕的往事，曾经在邻近山洞定居的一群人，一夜之间被这种石头施放的毒气给灭了族。于是，那块黑色的石头被随手丢弃了，就像扔掉一块毫不起眼的小石子。那个好奇的、勇敢的年轻人也不再尝试把石头丢进火里，如果非要那么做，他很可能会被族人视为傻瓜，甚至杀人凶手。有大量的木材可供使用，谁会去烧石头呢？

泰奥弗拉斯托斯

泰奥弗拉斯托斯（约前372—前286年），古希腊哲学家和科学家，先后受教于柏拉图和亚里士多德，后来接替亚里士多德，领导其"逍遥学派"。亚里士多德见其口才出众而为他起的名。泰奥弗拉斯托斯的确是位杰出的老师和学者。他主持学园成功地运行许多年，是位非常流利的演讲人，一次竟有2000人前来听他演讲。他极为勤奋，在他的一生中完成了227部——有人说有400部——有关宗教、政治、教育、修辞学、数学、天文学、逻辑、生物学和其他一些学科的著作，包括心理学。以《植物志》、《植物之生成》、《论石》、《人物志》等作品传世，《人物志》尤其有名，开西方"性格描写"的先河。在他的《论石》中，对煤炭的性质和产地做过详细描述。

山火

山火，一种发生在林野难以控制的火情，通常由闪电引起。通过山火，人类认识并掌握了火。

帝克劳狄一世

罗马帝国朱里亚·克劳狄王朝的第四任皇帝，公元41—54年在位。他的统治力求各阶层的和谐，凡事采取中庸之道，提高行省公民在罗马的政治权力，并兴建国家的实业。后期史学家认为，罗马帝国初期政治的中央集权统治形式，是在他的手中和平地转移完成的。

一句话，人类发现煤炭的那一天将永远是一个谜。时间曾精确地记载了那一刻，却又漫不经心地磨灭了那一刻。我只能凭一般的经验和想象来完成这幅构图。

继《论石》对希腊的煤炭有所记载之后，英国是西方最早利用煤炭的地区之一，而首开燃烧煤炭之风的却是罗马人。公元43年，罗马皇帝克劳狄一世终于率军侵入不列颠，并将征服后的不列颠划为罗马帝国的一个行省，一雪其前任——恺撒两度战败的耻辱。占领英国后，罗马人发现一种露出地面的深黑色矿石，在原野中泛着柔和的光芒，尤其引人注目。但和早期的中国人一样，罗马人之所以视煤为珍宝，不是因为它能帮他们度过寒冬，而是因为它漂亮时髦。他们忽略了煤的燃烧性，对随处可见的露头煤熟视无睹，只把眼光盯着更深的地下，迫不及待地专事寻找那些致密光亮且可供雕刻的煤玉。一时间，佩戴这种用稀有的黑色石头雕琢打磨而成的华丽首饰，在罗马国内成为时尚。然而，由于人们分辨不清煤玉和煤，因此许多罗马人戴的似乎并不是煤玉，而是普通的古老煤块。

罗马人傲慢的破坏性，促使他们开始燃煤。这种行为出于何种目的，取暖还是单纯的取乐，史籍中没有记载。在英国已经发现的一些罗马人使用煤的遗迹说明，把煤作为一种燃料来使用，在当时还不够普及。

哈德良长城

公元 122 年，罗马皇帝哈德良为防御北部皮克特人反攻，保护已控制的英格兰的经济，开始在英格兰北面的边界修筑一系列防御工事，后人称为哈德良长城。哈德良长城的建立，标志着罗马帝国扩张的最北界。

　　公元 5 世纪，罗马人撤离不列颠之后，罗马人烧煤的习惯也仿佛随着罗马军队一同撤离了。英国再也没有人烧煤，即使在煤俯拾皆是的地区。据说，英国的用煤历史可以追溯到青铜时代，当时威尔士南部的早期居民们，就曾用煤的火焰和热度来火化死者。在他们眼中，煤只不过是一种焚烧遗体的便利工具，但更有可能的是，他们把煤当作一种神秘的媒介，用来护送死去的亲人到达另一个世界。在历史上，人们总是难免赋予煤更深远的意义。也许血的教训和可怕的经历，从那位原始部落的长者便开始世代相传。直到公元 8 世纪，英国有人点燃这种黑色的石头，其目的只是利用它刺鼻的有毒烟雾吓跑大毒蛇。

　　英国和中国用煤的历史有很多类似之处，但中国领先了好几个世纪。美的事物天长地久。中国东北部新石器时代制作煤玉雕刻的手艺，一直传承了几千年，到公元前 3 世纪时，

煤精印章

　　这枚多面体煤精组印，其主人是西魏重臣独孤信，1981 年陕西省旬阳县出土。该印由煤精制成，球体八棱二十六面，其中正方形印面十八个，三角形印面八个。有十四个正方形印面镌刻印文四十七字，分别为"臣信上疏"、"臣信上章"、"臣信上表"、"臣信启事"、"大司马印"、"大都督印"、"刺史之印"、"柱国之印"、"独孤信白书"、"信白笺"、"信启事"、"耶敕"、"令"、"密"等。印文为楷书阴文，书法遒劲挺拔，是中国古代印章中的绝世珍宝。

相当于中国历史上战国晚期，已传播到大部分地区，而且非常流行。一些雕刻精美的煤玉印章，由主人精心收藏并随身携带，跃升为代表尊贵身份的象征。煤炭的主要特性——燃烧，也被社会各阶层普遍认知。可能就是在那个时候，中国人首先开始燃煤，比罗马人提早了大约300年。在人类历史上，战争的需要往往是人们寻找和利用新能源最强劲的动力，煤炭的命运也不外乎此。在那个狂乱的年代，攻城掠地是诸侯们的主要工作。大量失去土地的人，在持枪执剑的士兵们的驱使下，走进深山。那里有官方控制的采矿场。黑色的浅层煤源源不断地从这里运出去，送入专门的冶铁熔炉。熔化的铁水很快被制成各种兵器，分发到士兵手中，以维持战争机器的运转。当时的中国西部，流传着一本描写当地风土物产的书——《西域记》，其中便有这样的记载："屈茨北二百里，有山。人取此山石炭，冶此山铁，恒充三十六国用。"屈茨即龟兹，在今新疆库车县内，那里采煤冶铁的规模相当可观，所冶炼的铁，可供当时新疆一带的36个国家使用。以煤冶铁是中国人的发明，如果没有新的考古发现足以改写历史，我们将永远是这一纪录的保持者。

公元838年，一个叫圆仁的日本和尚随遣唐使来中国学习佛法。他从山西五台山出发，途经太原，沿汾河一路南下，途中看到许多地方"遍山有石炭"，而且远近人等竞相采取，替代木材用来生火取暖做饭，让他既羡慕又吃惊。后来，圆仁根据在中国几十年的所见所闻，写了本纪实性的书《入唐求法巡礼行记》，把中国的煤炭知识引进日本。到达都城长

汉代冶铁场景

1958年在河南巩县铁生沟汉代冶铁遗址中发现的原煤和煤饼，证明西汉就已开始采煤，并用来炼铁。

汉代冶铁坩埚

坩埚为一陶瓷深底的碗状容器。当有固体要以大火加热时，就必须使用坩埚。坩埚因其底部很小，一般需要架在泥三角上才能以火直接加热。

安后，大唐皇帝尊崇道术和争食丹药的情形更令其惊诧万分。他有所不知，与中国的炼丹术类似的炼金术，此时在穆斯林世界也是方兴未艾。

随着伊斯兰教势力的扩张，阿拉伯人把他们的炼金术带到欧洲。这种把普通金属转变为黄金，现在被认为完全行不通的把戏，却将12世纪的欧洲人刺激得兴奋异常，几近疯狂。他们相信，炼金术的精馏和提纯贱金属，是一道经由死亡、复活而完善的过程，象征了从事炼金的人的灵魂由死亡、复活而完善，炼金术能使他们获得幸福的生活、高超的智慧、高尚的道德，从而改变生命的面貌，是一条与造物主沟通的捷径。

而在遥远的东方，12世纪时的中国神仙丹道派的炼丹家们早已为世人所唾弃，沦为只敢在主流社会边缘游荡的江湖术士。后来的科学家认为，西方的炼金术和东方的炼丹术所需的高温，绝大部分源自煤炭的燃烧。炼金术开创了化学实验之先河，在世界化学科学史中占有一席之地，而被西方人津津乐道。在中国，假神仙们的功绩似乎远不止这些。他们所谓的灵丹妙药曾有效地毒杀过许多封建皇室的掌门人，仅唐代一朝就有六位之多的皇帝因

圆仁像

圆仁留唐近十年，广泛寻师求法，足迹遍及今江苏、安徽、山东、河北、山西、陕西、河南诸省，并留居长安近五年。他用汉文写的日记《入唐求法巡礼行记》，是研究唐代历史的宝贵资料。

炼金术

炼金术是中世纪的一种化学哲学的思想和始祖，是化学的雏形。其目标是通过化学方法将一些基本金属转变为黄金，制造万灵药及制备长生不老药。现在的科学表明这种方法是行不通的。但是直到19世纪之前，炼金术尚未被科学证据所否定。包括牛顿在内的一些著名科学家都曾进行过炼金术尝试。现代化学的出现才使人们对炼金术的可能性产生了怀疑。炼金术曾存在于古巴比伦、古埃及、波斯、古印度、中国、古希腊和古罗马，以及穆斯林文明，然后在欧洲存在直至19世纪，在一个复杂的网络之下跨越至少2500年。

中国的炼丹炉

中国炼丹术的发明源自古代神话传说中的长生不老的观念，起源于公元前3世纪，但真正的炼丹术自秦始皇时期才开始。长生不老丹主要用五金、八石、三黄为原料，炼成多为砷、汞和铅的制剂，人吃下去以后就会中毒甚至死亡。唐代是炼丹术的全盛时期，几乎历代皇帝都热衷于炼丹，而这些皇帝们也大都死于"长生不老丹"。

食用金丹而死于非命，其中便包括大名鼎鼎的唐太宗。他们还发明了火药，而火药的主打成分之一就是煤炭。每当重要的节日，震耳欲聋的爆竹声和漫天绽放的绚烂烟花，仿佛是今天的人们对1000多年前那些发明者的追忆和缅怀。

关于煤炭的利用，中国人还有一项令西方人大跌眼镜的发明。发明者是中国的本土医生，中医。他们把煤块当作为一味药材，和草根树皮混在一起，研为细末或制成药丸给人治病。别说是外国人，就连我这个土生土长的中国人也觉得匪夷所思。生病本来就是件非常恼人的事了，假若还要吞一把煤渣炭末进肚子里，弄得满嘴漆黑，叫人情何以堪。因此，对于这一点，我不想多讲。如果列位有兴趣了解详情，找一本中国古代医书，比如秦汉时期的《神农本草经》、南宋的《鸡泽普济方》和明朝的《本草纲目》，随便翻一翻就可以找到许多以煤入药的偏方。

中国人使用煤炭的空前盛况，出现在著名的北宋王朝。从公元960年到1125年，

是中国早期煤炭开发最伟大的时期，而当时的欧洲人已经在中世纪的黑暗中煎熬了将近 500 年，并且，这种由毫无希望的战争所带来的愚昧和痛苦仍将持续 500 年。

宋朝之所以把煤炭作为主要燃料，和后来的英国一样，都是因为木质燃料的日渐稀少。朝廷为制造兵器，百姓为料理食物、取暖御寒，大片大片的林地被砍伐一空。尤其是人口稠密的都城附近，甚至坟地的树木也被连根拔去。以至于到最后，那些以伐木为生的樵夫们因为无木可伐而丢掉饭碗。这让崇尚自然的文人们痛心疾首，无序的乱砍滥伐毁灭的不仅仅是风花雪月，而是直接威胁到了人类的生存。《鸡肋编》的作者——南宋人庄季裕尖锐地指出："虽佳花美竹，坟墓之松楸，岁月间尽成赤城。"燃料苦缺的严重局面，从苏东坡的《石炭诗》中，便可略见一斑。他说，即使在寒冷的冬天，各行各业大幅缩减生产的情况下，一套价值不菲的丝绸被褥也换不来哪怕是半捆雪水浸湿的柴火。

与只会吟风诵月、遇事叽叽喳喳的文人不同，身为一国统治者的北宋政府，面对前所未有的能源危机，肩负起了寻找新型替代能源的责任。"柴尽煤出"，他们率先在兵器、铸币、陶瓷、建材等关乎国家防务、经济虚实盛衰的行业，开始大量使用煤炭。这么一来，北宋的社会经济局面大开，突飞猛进。公元 1078 年，煤炭的热量使铁的产量大幅提升，达到 15 万吨，是木炭冶铁的 5 倍之多。钱币的铸造成本逐步降低，给朝廷带来越来越丰厚的利润。船舶、砖瓦和陶瓷行业的规模不断扩大。史料称，都城开封以北的一座砖瓦厂，有多达 1200 名工人可供长期驱使。步官方后尘，老百姓不只烧煤取热，而且发展到用煤殉葬的地步。民间的用煤量激增，政府不得不设置专门的官员——监铁使，来管理煤炭，实行官方专卖。巨大的利益，使北宋统治者比以往任何王朝更为重视煤炭的生产和经

神火飞鸽

火药发明于中国隋唐时期，距今已有一千多年。火药的研究开始于古代道家炼丹术，炼丹术的目的和动机都是荒谬和可笑的，但它的实验方法很有可取之处，最后导致了火药的发明。恩格斯高度评价了中国在火药发明中的首创作用："现在已经毫无疑义地证实了，火药是从中国经过印度传给阿拉伯人，又由阿拉伯人把火药武器一道经过西班牙传入欧洲。"火药的发明大大地推进了历史发展的进程，是欧洲文艺复兴的重要支柱之一。

营。仅开封一地，从煤炭行业缴来的利税，就足够支付皇城内奢侈生活的一切开销，而且还养活了一支至少15万人的禁卫军。12世纪早期，燃煤在北宋都城已经相当流行。居民们"敬仰石炭"，没有人再烧木头。开封完成了比它小得多的伦敦在500年后才经历的进程。

清明上河图

北宋是中国古代历史上经济与文化教育最繁荣的时代。根据研究，北宋时的国民生产总值为265.5亿美元，占据世界经济总量的60%，而清朝在鸦片战争前的1820年，国民生产总值为2,286亿美元，占据世界经济总量的32.9%。显示北宋是中国国民生产总值占据世界比例的最高峰。北宋时中国人均生产总值为2,280美元，西欧人口人均生产总值则为427美元；而1820年，清朝人均生产总值为600美元，当时经过第一次工业革命的英国人均生产总值为1,250美元。

成吉思汗的铁骑，仿佛一阵平地突起的旋风，匆匆而来，匆匆而去。这些"只识弯弓射大雕"的蒙古族人，全

北宋磁州窑遗址

磁州窑是我国古代北方最大的一个民窑体系，也是著名的民间瓷窑，窑址在今河北邯郸磁县的观台镇与彭城镇一带，磁县宋代属磁州，故名。磁州窑创烧于北宋中期，并达到鼎盛，南宋、元明清仍有延续。磁州窑以生产白釉黑彩瓷器著称，开创了我国瓷器绘画装饰的新途径，同时也为宋以后景德镇青花及彩绘瓷器的大发展奠定了基础。

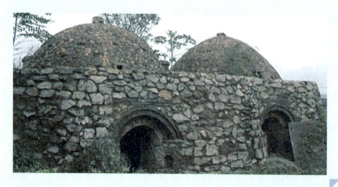

神贯注于开疆拓土、攻城掠寨，对如何管理这个空前广阔的庞大国度，尤其是如何让为数众多的汉人俯首帖耳，毫无心得。他们的统治，只维持了不到一个世纪，就草草结束了。当初席卷天下时，这个马上民族也和历代开国雄主一样，志得意满，不可一世。但与精通权谋和儒学的汉民族较量，蒙古族人的治国理念就显得太简单、太粗糙了。他们施行严格的等级制度和残酷的高压政策，仰赖任意的酷刑和残暴的杀伐解决所有的问题。随时可能丢掉性命的极度恐怖，使中原地区原住民战战兢兢，无心生产。社会经济在这种状况下，不仅远不能令人满意，甚至称其糟糕也不为过。然而，生活在元朝的外国人，却是另一番境遇。皇帝待他们为上宾，享有仅次于蒙古贵族的特权，原因是他们拥有一双不同于汉人的眼睛。17岁的马可·波罗就是在那个时候，公元1275年，来到了中国。元朝皇帝接见了这个年轻的威尼斯商人，并准许他借奉大汗之命巡视各地。20多年后，回到意大利的马可·波罗在狱中写成了那本著名的《东方见闻录》，向他的欧洲同乡们描述中国的种种奇迹，但人们普遍认为他在撒谎。中世纪的欧洲还无法相信他所描述的中国庞大的城市、壮观的运河、无尽的财富，以及复杂的统治体系。在他描述的较小的奇异事物中，有这样一段大概可以折射出煤炭在当时当地的使用情况：这个国家确实不缺木材，但是大部分居民太讲究了，他们拥有无数火炉和浴室，而且不停地加热着，因此木材还是供不应求。几乎每个人都是一周至少洗三次温水澡，冬天则是每天洗一次，只要条件允许；不论地位高低、财富多少，每个人都在家里拥有自己专用的浴室。如此消费下去，不久木材就

马可·波罗

马可·波罗，13世纪来自意大利的世界著名的旅行家和商人。17岁时跟随父亲和叔叔，途经中东，历时四年多到达蒙古帝国。他在中国游历了17年，曾访问当时中国的许多古城，到过西南部的云南和东南地区。《马可·波罗游记》记述了他在东方最富有的国家——中国的见闻。全书以纪实的手法，记述了他在中国各地包括西域、南海等地的见闻，记载了元初的政事、战争、宫廷秘闻、节日、游猎等，尤其详细记述了元大都的经济文化民情风俗，以及西安、开封、南京、镇江、扬州、苏州、杭州、福州、泉州等各大城市和商埠的繁荣景况。它第一次较全面地向欧洲人介绍了发达的中国物质文明和精神文明，将地大物博、文教昌明的中国形象展示在世人面前。在《马可·波罗游记》中，他盛赞了中国的繁盛昌明；发达的工商业、繁华热闹的市集、华美廉价的丝绸锦缎、宏伟壮观的都城、完善方便的驿道交通、普遍流通的纸币等。书中的内容，激起了欧洲人对东方的热烈向往，对以后新航路的开辟产生了巨大的影响。

泰晤士河

英国真正的煤交易是从13世纪的泰晤士河畔开始的。泰晤士河的河岸高低起伏，使得从北海到内陆约20千米这一带的部分煤层暴露出来。那里的煤层不仅优厚，而且更重要的是，它们高于船的吃水线。这就意味着，煤矿可以保持干燥，最多只需要一些简单的排水管道。这还意味着，人们可以相当容易地把沉重的煤运到山下的河里，在那里等候的货船只需沿泰纳河顺流而下，就可以把这些煤运往英国东部的市场，特别是伦敦。

会出现短缺；但是一种黑色的石头却是充足的，而且价格更便宜。这种石头在这个省到处都能看到。它们在山上呈叶脉状分布，人们把它们挖了出来。一旦被点燃，它就会像木炭一样燃烧，并且能比木材更好地保持火焰；因此，可以在晚上把它保存起来，第二天早上它仍然不会灭。这些石头不发光，只是在刚刚点亮时发出一点点微光，但是它们燃烧时能释放出相当多的热量。

当时，煤已经出现在英国的工业中，但是有过 17 年东方经历的马可·波罗，却显然对此毫不知晓。

在圣徒比德之后的四个世纪里，英国似乎忘记了自己丰盛的煤炭资源。到了 12 世纪晚期，历史学家们才从一些文献资料中得知，煤可以作为一种燃料。13 世纪，英国许多地方都发现并开始开采煤，而且从泰晤士河河畔开始，出现了真正的煤炭贸易。人们把沉重的煤炭运到山下的河里，在那里等候的货船沿泰晤士河顺流而下，把这些煤炭运往英国东部的市场，特别是伦敦。为争夺煤炭贸易，以便从中抽取一份利润，身处城镇底层的商人们还和高高

争　论

理论上一切争论而未决的问题，都完全由现实生活中的实践来解决。

在上的教会爆发过一场激烈的冲突。1268 年，一队城镇议员在市长的带领下，拿着武器冲进泰晤士茅斯修道院院长的领地，烧毁他的工厂，殴打他的僧侣，并从他的码头盗走了一艘满载煤炭的轮船。最后，商人们赢得了那场诉讼，他们不再向国王缴纳煤税。修道院院长也不得不拆除自己的码头。这是已知最早的与煤炭贸易相关的暴力行为。在未来的若干世纪里，虽然暴力冲突极少发生，但教会官员与新兴商人阶级对煤炭贸易控制权的争夺一直延续了下去。

1306 年，伦敦的铁匠及其他工匠因为大量使用一种黑乎乎、乌溜溜的"石块"代替原来的木头作燃料，引发了一场由贵族阶层倡导的抗议活动。原因是燃烧煤炭释放出来的那股刺鼻的味道，让整个城市弥漫着恶臭，熏得他们心烦意乱，难以忍受。旋即，国王爱德华一世明令禁止使用煤作燃料。但人们普遍对这项禁令置若罔闻，于是，一项新通过的法令规定，初次用煤的人将被施以"重金罚款"；如若再犯，就毁掉他们的熔炉，以示惩罚。

类似的情况，在中国有过之而无不及。

1479 年，一场官司打到了明朝皇帝的宝殿，原告是北京门头沟戒台寺的和尚，被告是戒台寺附近的煤矿矿主。和尚向来是坚定的环保主义者，他们抱怨煤窑掏空了寺院的地下，是对佛祖的大不敬，而且乌烟瘴气有损于青山绿水、万物生灵，对国家运道大大有害；矿主们据理力争，声称采煤行业养活着成千上万的劳动人口，不仅使林业资源免遭灭

爱德华一世

在英国人心目中，他是一位伟大的君主——他能征善战，为英国掠夺了许多土地和财富。在爱德华一世时期，英国无疑是当时欧洲最强大的国家。在他统治期间，"大宪章"制度得到了最终确定，保证了从征服者威廉到如今的伊丽莎白女王二世一直血脉相连不断——正是因为"国王也必须遵守法律"，所以英国王室才能存在。与他辉煌的事迹相比，通过禁止使用煤炭的法令，不过是一件寻常小事。

戒台寺谕禁碑

门头沟从古至今是京城最重要的煤炭生产基地，数百年来源源不断地供应京城军民及皇家生产、生活用煤。历代最高统治者都施行过种种促进煤业生产，保障煤炭供应的政策措施。但煤田地层之上覆压众多的寺庙、古墓等文物古迹，形成煤炭生产与保护古迹的重重矛盾。为保护环境风貌和地面构筑物，明、清最高统治者敕谕严禁在皇家寺院、赐墓等构筑物地下开窑采煤，地方政府也屡次发布告示禁止在赐墓、民居构筑物地下采煤。

绝之灾，对北京地区的生态环境恶化起到缓解作用，何况关系到都城百姓和皇帝过冬的大问题，不挖绝对不行。双方针锋相对，毫不让步。皇帝左右为难，最后还是子子孙孙千秋万代的大事占了上风，干脆以挖煤取石破坏风水、伤害龙脉为由，立了一块禁止挖煤的石碑——谕禁碑，严正申明不许矿主们再打扰佛祖的清净与和尚们的修行。皇帝的这一决定，其中多少成分是出于环保方面的考虑，不得而知。

汉族人在1368年接手蒙古族人留下的烂摊子之后，建立了明朝。通过一段时期的休

南都繁会图

明中叶以后，社会经济繁荣，在一些经济发达地区，出现了新的工场手工业经营形式。在这种手工工场中，拥有资金、原料和机器的工场主雇佣具有自由身份的雇工，为市场的需要进行生产，出现了学界所称的"资本主义萌芽"。

养生息——一项中国历代王朝开国时惯用的美好政策，国内政治稳定，人口激增。木质燃料短缺，迫使城镇居民越来越依仗煤炭。尤其像北京这样的大城市，煤炭已然成为居民生产生活的主要燃料。一些拥有巨资的商人乘机注资煤炭业。他们大量囤积货物，却不着急卖出去，充分享受讨价还价欢乐的同时，一个个赚得盆满锅满。加之皇家几次三番的采煤禁令，使得煤炭价格飞涨，民间怨声一片，甚至连皇宫的用煤也受到了威胁。为彻底解决这一问题，1530年，明朝皇帝下达了一道圣旨，鼓励民间资本进入采煤业。作为一国统治者，政府则可以从中抽分或收取课税获得利益。

北京历史上第一次大规模游行示威的参与者全部来自于煤炭行业。1603年，一支由窑工和运煤脚夫组成的请愿队浩浩荡荡地涌进北京城。这些面色漆黑穿着短衣的人占据桥梁，堵塞道路，敦促当朝政府减免矿税，撤换以武力缴税的矿监统领。这一目无王法的行动令皇室大为震怒，但皇宫断煤的危险迫在眉睫，皇帝不得不低下他傲慢的头

咏煤炭

于　谦

凿开混沌得乌金，
藏蓄阳和意最深。
爝火燃回春浩浩，
洪炉照破夜沉沉。
鼎彝元赖生成力，
铁石犹存死后心。
但愿苍生俱饱暖，
不辞辛苦出山林。

颅，答应了窑工们的全部要求。

环境与发展在历史上从来就是对立的，直到今天也没有真正走在一起。如果有关采煤和燃煤的这些禁令在随后的几个世纪里依然生效，那么人类的历史将发生根本的改变。虽然这些禁令一度有效，但随着人口的增长和森林的缩减，对能源不足的担忧在世界范围内普遍传播。16世纪以后，英国那些体面的女士和先生们屈服了，开始学着接纳过去无法容忍的事物，成为第一个大规模开采和使用煤炭的西方国家。17世纪早期，伦敦居民不仅欢迎，而且翘首盼望煤的身影。在一次次战争期间，煤的供应被切断了，平民差点儿为此举行武装抗议。在这种所谓的"燃料匮乏期"，空气猛然清洁了许多，伦敦那些原本几近荒废的园林也恢复了盎然生机，这令园林主人们诧异不已。但与此同时，穷人们怨声载道，据说许多人因没有燃料而死去。当煤重新回到伦敦，人们又开始争相购买，可以预想，只要人们的家中还有煤火，伦敦的园林就只能奄奄待毙。

在17世纪20年代，煤炭昂首进入了富裕人家的大雅之堂，就像当初进入贫民之家一样。也就在那个时候，英国开始向北美移民。这些失去土地的农民、生活艰苦的工人以及受宗教迫害的清教徒，登陆美洲后很长时间才发现，这块陆地不仅有多得出奇的木头，而且还储藏着世界上最丰富的煤炭。之后不久，他们就用砍伐森林的方式来开采煤炭——不仅仅为了生存、舒适和利润，而且是为了实现驾驭蛮荒之地战胜自然的使命。正如一位神学家所说的，煤炭宝藏"就像珍贵的种子，已经被造物之手无比公平地散播开来，虽然被

英国的殖民扩张

17世纪初期，凭借煤炭这种新兴能源和资本的大量积累，英国加快了其向外进行殖民扩张的脚步，取代了葡萄牙、西班牙这两个老牌殖民国家的海上霸权，成为近代最大的殖民国家。人迹罕见的北美东岸成为英国最早的殖民活动地区。

长久地埋藏在地下，但终有一天会突然面世，并带来辉煌的丰收"。

中国最后一个封建王朝——清朝，我实在没有什么好话可讲。假若不是那位"冲冠一怒为红颜"的明朝叛将，女真族的十万人马，我想仍可能会在中国东北部的草原上继续守着那对孤儿寡母，更不会给中国带来那么深重的灾难。然而历史选择了他们。我不能指责历史的错误，事实既成，说再多也是废话。

将近300年时间里，清朝一度成为东亚地区最强盛的国家。在明代的基础上，采煤业也有所进步，开采

台湾基隆煤矿

清末创办的近代化煤矿。矿区在台湾基隆（原称鸡笼），从明代起就有土法开采。1876年（光绪二年）闽浙总督沈葆桢奏请改为官办，聘英国人翟萨为矿师，机器自英国购进。1878年建成投产，日产能力300吨，以后产量逐年上升。基隆煤矿起步较早，虽因管理不善成效不大，但仍对中国近代新式煤矿的发生起了一定带动作用。

范围更广，开采规模更大。1740年，乾隆皇帝批准了礼部尚书的一道奏折，要求全国各省对产煤地区的资源状况进行详细勘查。这是中国历史上首次由皇帝亲自督办的煤炭勘查活动。清政府之所以鼓励采煤，原因很简单：北京的人口乃至中国的人口都已大大增长，这导致森林提供的能源变得越来越珍贵，因此转而求助于地下资源。当时清宫用煤量非常惊人，一个月就要烧掉至少28420斤。在城市里，能够更加敏锐地感觉到燃料的短缺。据1755年一份官方文件记载，北京房山县多若繁星的煤窑，每年每户需向政府提供627950千克煤炭。如此巨量的供应，仍难满足城市居民日用所需，盗挖抢夺时有发生。清朝人继承并发展了几百年前宋代的炼焦技艺，使用煤炭的行业越来越多，除了传统的炼铁、陶瓷业，像煮盐、炼油等五花八门的业主们也赶来凑热闹。煤炭是如此不可或缺，有时甚至为争抢一点煤渣而不惜闹出人命。不断扩大的能源需求，使清朝廷放宽了对煤炭开采的限制。煤炭资源相对贫乏的西南地区，有一个叫邻水的地方，仅其县志地理勘查图上所标注的煤窑就多达74处。这个事例大体可以说明：在政府的鼓励下，这个幅员辽阔的国度，很短

奉宪示禁碑

清代台湾北部盛产煤炭，民间私采的情形严重，绅民为恐伤及"龙脉"，屡次禀请示禁，故有此示禁碑传世。碑存立于台北市博物馆前碑亭。

蒸汽动力

煤炭的大量使用催生了蒸汽机的出现。蒸汽机是将蒸汽的能量转换为机械功的往复式动力机械。蒸汽机的出现直接引起了18世纪的工业革命。直到20世纪初，它仍然是世界上最重要的原动机，后来才逐渐让位于内燃机和汽轮机等。

的时间内，几乎变成一座巨大的采煤场。现在中国各主要矿区，在鸦片战争以前几乎都已开发。

18世纪中期，正当西方国家准备探索并开发更广阔的世界时，还是那位乾隆皇帝，却出于维护极权统治的心理，一道圣旨将中国的国门封了起来，限制与外国通商往来。这种极端自私的做法，不仅使中国失去了许多世纪以来所积累的各个方面的领先地位，而且最终导致中国完全孤立于世界潮流之外。当西方人在19世纪再次光顾中国时，他们惊喜地发现，这个号称世界上最强大的国家，早已被那一纸圣谕捂得腐朽溃烂，不堪一击了。

以上一个个看似孤立的事件，就像一个笨拙的学徒试着修复一面破碎了的镜子时，随手捡起的一块块碎片。虽然用了许多心思，我也只能把人类从发现到认识到利用煤炭的早期情形，勉强拼凑出一个大致的轮廓。不管怎样吧，煤炭所饱含的亿万年前的太阳的力量，必将成为推动人类社会发展的主要动力这一事实，已经得到了历史的证明。后知后觉的我们，是不是应该感谢生活在新石器时代茂密丛林中那位好奇的原始人呢？

六、地下工厂的前世今生
——煤炭开采技术

恰如其分地讲

燃烧煤炭只是一种发现，而非发明

假若非要在黑暗的矿井

搜寻足以改观世界的发明

你会发现，这个概率几乎为零

人类最大的恩人死于300万年前的旧石器时代。他是一种低眉毛、凹眼睛，长着一副沉重下颚和虎齿般尖利牙齿的长毛动物。如果出现在某一个现代科学家的聚会上，他这副尊容肯定会引起不小的骚动，

人类祖母——露西

1974年，美国科学家唐纳德·约翰逊考古小组在埃塞俄比亚发现一具南方古猿阿法种的古人类化石。据推断，她生前是一位20多岁的女性，根据骨盆情况推算生过孩子，脑容量只有400毫升。露西遗骸化石约有320万年历史，被看作是人类起源研究领域里程碑式的发现，亦被认为是目前世界上最重要的古人类化石之一。当时科学家们一致认为，露西一辈子没用过真正的石器，已知最古老的石器工具距今约250万年。本世纪初，美国加州科学院考古学家在超过340万年的动物骨头上发现了石刃砍凿的痕迹。据此，科学家提出，人类远古的祖先更早就学会了使用石器，从而推翻了以往的结论，把石器时代提前了近百万年。

猴子砸坚果

人类祖先的智慧大概与懂得用石头砸开坚果的猴子差不多，但是我们最终脱离了野兽的行列，这不能不说是自然界最伟大的奇迹。

树居人

研究人员认为，已知最早的人类祖先可能是嗜食同类的食人魔——树居人。这个新人类物种生活在两百万年前的南非豪登省，灭绝于 60 万年前。树居人有着尖牙——用来吃食那些需要用牙齿反复咀嚼的植物。当他们在陆地上时，就会用两只脚来行走。但是他们大部分时间都在树上，也许是为了能更安全的给他们的儿女喂食以及躲避食肉动物的袭击。

人们很可能把他和关在动物园笼子里的猩猩或猴子等一些灵长类动物联系在一起。奇怪的是，他没有把指关节拖着地面走路，那条应该存在的有很多用途的尾巴也不知去向。科学家们却是另外一种心境，我敢保证，他们一定会欣喜若狂地围拢过来，对他顶礼膜拜，敬他为自己的先人前辈。因为就是他，曾用石块砸开坚果，也曾用棍子撬动巨石。他发明了人类最早的工具——锤子和撬杠。他叫能人，一种刚刚脱离野兽行列不久的人类。他充满智慧和经验的发明，对人类福祉所做的贡献远远超过其后的任何人，也远远超过与我们共同享有这个星球的任何其他动物。

从那时开始，人类就通过使用更多的工具便利自己的生活。事实上，人类历史中最有趣的章节之一，就是关于人们如何想尽办法，让别人和别的东西替他工作。自己则悠游地享受闲余，坐在草地上晒太阳，去大岩壁作画，或者耐心地把小狼小虎训练成讨巧的宠物。

当然在最早的年代，人类社会还没有强权。人类延

战　争

　　战争是人类社会进步的催化剂。迄今为止，有关人类战争最早的记载认为是从公元前 2800 年开始的。但是最近在澳大利亚西北部的地表下，考古学家发现了许多石器画，显示了至少在 1 万多年前，人类就已经有战争了。这些被发现的石器画的画面是作战中的不同群体，使用的武器是长矛和飞镖。

续着野兽时代的母爱紧密团结在一起，每个成员都享有充分的自由。那时候的发明创造，完全出于人类聪慧的本能。后来因为战争，人类开始奴役弱小的同类，逼迫他们去做那些令人不快的苦累活计。人类的聪明才智以及由此产生的奇思妙想，统统要求首先须服务于战争才能够得到认可和推广。人类从无意识燃烧煤炭到有意识寻找、挖掘煤炭，同样起始于战争。战争的双方，谁能够有效解决资源——粮食和燃料的供给问题，就意味着谁能够在战斗中争取到主动。自古至今，这条铁的法则，从未有过改变。

　　恰如其分地讲，燃烧煤炭只是一种发现，而非发明。历朝历代对煤炭采掘工具和采掘方法的改进，也只是从其他行业借用和从一个侧面反映了当时已经非常普遍的科技成果，根本谈不上独创。假若非要在黑暗的矿井底下搜寻足以改观世界的独创性发明，你会发现，这个概率几乎为零。

　　煤炭采掘一向被视为世界上最苦最累的工作之一。在一个人作为另一个人的私有财产可以在市场上自由买卖的奴隶制社会，从事这项劳动的队伍，由生活在社会底层的诸如战俘、奴隶、失去土地的农民、破产的手工业者等命如草芥的小人物组成。在那个相当长久的时期中，煤炭行业的从业者们和我们一样，拥有一个聪明的头脑，但他们却未能造出有趣的机器。繁重的体力劳动使一部分人无暇他顾，而另一部分人，不费吹灰之力就能得到

奴隶买卖

奴隶拍卖起源于古罗马。最初拍卖方式用于古罗马拍卖女奴隶，卖家用挥鞭子抽地三次作为成交的标志。罗马的奴隶贸易，随着罗马帝国的分崩离析而走向衰落。阿拉伯人在"继承"东罗马帝国的领土的同时，也继承了罗马的蓄奴传统。奴隶拍卖在中世纪的阿拉伯地区长久不衰。甚至到了近代，奥斯曼帝国依然保留着形形色色的奴隶制度。大航海时代的黑奴买卖，其形式正是继承自罗马。

奴隶社会

奴隶制度是最野蛮的制度，奴隶毫无人身自由，是奴隶主的私人财产。奴隶被剥夺一切权利，在暴力下从事最紧张、最繁重的劳动，而只能获得极少的生活资料以维持生命。在奴隶劳动中故意不使用先进的工具，是奴隶制生产关系固有的局限性。奴隶主不关心生产技术改进；奴隶对强制劳动的反抗导致奴隶主只给奴隶使用粗笨的不易破坏的生产工具。工具在种类上偏重于手工业生产。农业生产仍主要使用石器。在金属制品的发展上，忽视生产工具的制作。金属工具的制作，主要不是为了发展生产，而是服从于奴隶主的消费需要和统治需要。

大批免费劳力，你怎能指望这些脑满肠肥的达官贵人们把时间和精力耗费在绳索、滑轮等乱糟糟的什物上，而把

自己的屋子搞得烟雾腾腾、闹闹哄哄？

那个时候，煤炭来源已经不是简单的拾取。当露头煤采拾殆尽，那些微不足道的生命在饥饿和皮鞭的驱使下，朝着更深更暗的地下摸爬。他们去掉表层土壤，找到了埋藏很浅的煤炭。在露头煤原址上，他们开一个窑洞似的大窟窿，或者凿出一条连接地下的通道，把深藏着的炭块运至地面。这是真正的挖掘。

公元前5世纪，我们的地球热闹非凡。这个世纪的头

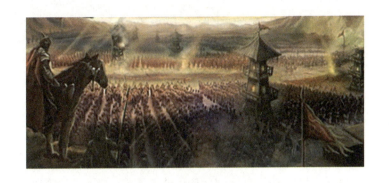

战国时代

公元前 5 世纪，战火遍布世界每一个角落。

号强国仍然是波斯帝国，它将战火引向欧洲，拉开了亚洲和欧洲的第一次较量——希波战争的序幕，但最为光彩夺目的胜利却无疑属于希腊人。印度半岛的后起之秀，摩揭陀国王子阿阇世，弑父继位，为统一恒河流域而四面出击。远在东方的中国激战正酣，以秦国为代表的七大诸侯，你来我往缠斗不休。战争的阴霾，带着冲天的杀气，梦魇般笼罩着整个世界。

　　这一天，中国陕西某地，秦国的一队官兵押着几辆牛车进入矿区，车里装满了铜制的斧头和一种叫锛的工具。他们此行的目的，是用这些在其他矿区比如铜矿、铁矿早已普遍使用的铜质工具，替换掉煤矿工人们仍在使用的木槌、木铲，以加快煤炭的采掘速度。在最近一次与楚国人的战斗中，他们借助煤炭燃烧时所释放的烟雾，很轻松地击败了敌人。国君下令全国军队效仿，加上熔铁的需要，致使煤炭用量激增。比铜更坚硬的铁器虽然已经推广至田间地头，但那是为了促进粮食的产量，来保证士兵们的战斗力。铁制的器物毕竟有限，满足武器的供应仍嫌不够，怎能把这么珍贵的东西浪费在奴隶身上呢？

　　即便是铜制的斧头也已经非常好用了。矿工们不分昼

青铜器

青铜工具在生产中得到广泛的应用，是奴隶社会生产力发展的主要标志。从青铜器的种类看，前期多是生产工具，后期则是礼器和兵器较多。

圆孔铜斧

青铜斧是继新石器时代大量使用的石斧之后出现的砍伐工具。流传到后世的不少，其中一种两侧近刃部较长或呈弧形，圆銎或长方形直銎，直刃或弧刃，近似现代的斧。多见于春秋战国至汉代。

铜锛

砍削木料用的工具，古代常称为斤。体呈单斜面或双斜面，銎形和装柄方式与锛相同。青铜锛开始见于商代，春秋战国时数量增多。有不少流传到后世。

夜，很快就将矿井挖到了地下40米的深度。但问题接踵而至。由于空气流通不畅、地下水泛滥、采空区越来越大，许多时候，搬出地面的不是燃料，而是一具具被闷死的、砸死的或淹死的矿工尸体。一个聪明的奴隶说服矿主，把两条巷道通联在一起，并采用封闭废弃井巷的办法，利用不同井口的高低差形成自然风流，引导风流沿着采掘方向前进，保证流动的空气到达最深的工作面。这个办法的原理，他可能并不十分清楚，却非常有效地解决了矿井的通风问题，为自己以及他人的生命加上了一道安全砝码。一些长短不一的立木被运至井下，挪用中国建筑的传统手法——榫接和搭接，扎制成大小各异的框架，支撑住顶板和四周的巷壁，以图缓和来自四面八方的巨大压力对生命所造成的危害。这种关乎生命的木支架，在制作过程中一定倾注了无尽的心血和智慧。它们结实可靠，以至于两千年后的今天，其中有一些仍在起着作用。水的问题总是叫人头痛不已。在狭窄阴暗的矿井，奴隶身份的挖煤工们顺势而为，用木槽把水引入低洼的积水坑，然后绞动辘轳，将盛满脏水的木桶提出井外。

通风、冒顶、透水三大问题得以解决，威胁生命的警报解除了，萦绕在矿主们心头的阴云也随之消散。各国连年征战攻伐，大批奴隶被调往战场。矿主们一直担心，劳动力的大幅减员会使他们的身价一落千丈。现在好了，他们可以尽情享受生产工艺改进所带来的好处：消耗比以往少得多的粮食，得到比以往多得多的煤炭。奴隶们当然没有这么幸运，他们的体力仍旧入不敷出，等待他们的是比以往更密集的体力支出和比以往更长久的劳动时间。

桔槔

桔槔的结构，相当于一个普通的杠杆。在其横长杆的中间由竖木支撑或悬吊起来，横杆的一端用一根直杆与汲器相连，另一端绑上或悬上一块重石头。当不汲水时，石头位置较低；当要汲水时，人则用力将直杆与汲器往下压，与此同时，另一端石头的位置则上升。当汲器汲满后，就让另一端石头下降，通过杠杆作用，就可能将汲器提升。这样，汲水过程的主要用力方向是向下。由于向下用力可以借助人的体重，因而给人以轻松的感觉，也就大大减少了人们提水的疲劳程度。这种提水工具，是中国古代社会的一种主要灌溉机械。用于煤矿，则是提水工具。

这种状况，在废除奴隶制后的一千多年里，丝毫没有改善。不止中国，全世界的煤炭采掘业，就其工艺而言，再没有什么值得称道之处。不过，这个事实倒验证了那句名言：科学的进展是十分缓慢的，需要爬行才能从一点到达另一点。这是英国桂冠诗人丁尼生说的。还有一句：贪欲是战争的根源，压迫是反抗的温床，自由是进步的阶梯，平等是文明的基石。这是本文作者说的。

研究煤炭开发历史的专家们，每每提到宋朝，特别是公元960年至1127年的北宋王朝，就会激动不已。我们一直认为，宋室朝廷若非仅仅满足于外战外行、内战内行所争取到的那片刻安宁，赵家天下绝不会在那么短的时间内惨遭变故，成为历史的匆匆过客。即使这样，11世纪的中国仍为许许多多现代人心之向往的圣地之一。

北宋可以说是11～12世纪世界上当之无愧的经济强国，据说她的国民生产总值（GDP）超过其他所有国家的总和，占世界GDP的六成还要多。自由的学术氛围，培养出一批又一批优秀人才。他们术业有专攻，留下了浩如烟海的不朽著作，涉及社会经济、文化、军事、科技、天文、地理等几乎所有领域，为后来历史学家们的工作提供了极大的方便。普通老百姓不愁吃不愁穿，从小接受的良好教育把他们滋润得神态平和、思维活跃，似乎人人具备文学家的气质。能够淋漓尽致地反映宋朝人慷慨大度风范的，莫过于它的军事、外交策略。北宋并非没有能征善战的大将，士兵们也绝非一律酒囊饭袋。但每遇边防吃紧，往往稍作抵抗，甚至打了胜仗，也照例不管三七二十一使出他们用惯了的杀手锏：赔钱了

辘轳

辘轳也是从杠杆演变来的汲水工具。早在公元前1100多年前，中国已经发明了辘轳。到春秋时期，辘轳就已经流行。辘轳的制造和应用，在古代是和农业的发展紧密结合的，它广泛地应用在农业灌溉上。古代应运到煤井上便自然成为便利的提煤工具。辘轳的应用时间较长，虽经改进，但大体保持了原形。

掏 槽

掏槽是手工采煤的第一步，即用手镐在工作面煤壁下部开一横槽，促使煤层产生裂隙，使其自然垮落，或人工凿落。

落 垛

落垛是手工采煤的第二步，即将松动的煤层用锤楔在上部敲凿，使煤块崩落。

事。破财免灾，大概宋朝人最有心得。可悲的是，财破了，灾却免不了。在外族人的眼里，大宋朝就是一块搁在嘴边的肥肉，只要愿意，随时随地都可以咬上一口。许多窝囊事就不必说了，反正他们有的是钱，爱咋地咋地。

关于宋朝的煤炭开采业，历史教授和考古专家们查阅大量文献之后，把令他们高潮不断的兴奋点概括为以下一段文字：北宋时期的社会分工进一步细化，煤炭生产作为一个独立的行业，与其他传统行业，比如农耕、手工业明显区别开来，表现出非常显著的、以手工操作为基础的行业技术特性，并且形成一套完整的生产体系和技术体系。

隔行如隔山。学者们的总结太过高妙，以一个外行人的智力还无法理解透彻。繁荣的宋代煤炭业，在我看来，无非就是从业的人员多了些，挖掘的煤巷深了些，开采的范围大了些，所用工具精细了些，产出的煤量高了些……仅此而已。那还要看跟哪个时代比，放到现在，就算把宋代全国的煤矿绑一块，以它那点微不足道的生产量，恐怕连采矿证都

领不到。

不过，在中国乃至整个人类的煤炭开发历程中，宋代的煤炭开采业所起的作用却不容小觑。它就像一个历史的中转站，承接着过去，开启了未来。或许，这根本就是引领还是跟随的问题。

一千年前的宋朝人，估计已经通晓许多寻找煤炭的方法。这项工作，大概可以确定是从一目了然的露头煤开始的。沿着露头煤的走向，他们横穿峡谷，来到另一座山头。这里草木稀疏，一带页片状的岩层起起伏伏，或隐或现。直觉告诉他们，消失了的露头煤很有可能就隐伏在这种页片岩石之下。准确的直觉，通过长期的积累而成为实用的经验。这些经验被明朝的宋应星写在《天工开物》这本书里之后，便提升为教条。到了稍晚时候的清代，大约 17 世纪初，几部地方志，又把煤系地层的概念——比如利用地层对比来辨认地下煤层的知识补充进来，教导人们很好地解决了开采过程中煤层突然消失的问题，使煤炭开采更安全、更经济。中国的煤系地层知识，是迄今最早的地质理论，先于欧洲一百多年。在煤田广布、采煤业发展最快的英国，18 世纪前对地质学几乎一无所知，人们对地质学的兴趣，只局限于一般绅士的业余爱好。直至 1740 年，不列颠才出现一篇文章，蜻蜓点水地谈了谈对煤层露头的认识。

接下来要面对的问题，就是如何精准地到达被密实厚重的岩石所封盖的煤层。我们知道，没有现代化设备的帮助，仅凭两只手和简陋的铁钎铁锤，要在坚硬的岩石中掏出一条可以供人出入的巷道，是多么困难。宋朝人非常明

背　煤

背煤的辛苦只有亲身体验才能感受得到。

宋应星

宋应星（公元 1587～约 1666 年），中国明末科学家。在当时商品经济高度发展、生产技术达到新水平的条件下，他在江西分宜教谕任内著成《天工开物》一书。

白这一点，所以他们十分乐意接受有着丰富知识和实际经验的技师的指点，总能在地形复杂的山峦沟壑，找到一条最短的路径，开挖出或水平、或直立、或倾斜的井巷，准确地进入煤层。陕西铜川曾发现过一处宋朝时期的立井工程，井口呈方形，断面为3平方米左右，从上至下每隔30米缩小一次，就像一座倒立的宝塔，深入地下达120米。这么做有好处，不仅便于施工，也易于支护。即使是各种高科技设备齐全的今天，要完成类似的工程也绝非易事。更何况公元前5世纪的战国时代，像这样的深度，恐怕连想象都是不可能的。那时候的矿井，非但深度不可与宋代同日而语，且基本上都是简单地顺着露头煤展开，有时甚至是盲目的。

见煤之后，工程人员被分作两拨。一拨在地面找一处方便车马进出、较为平坦之地，垂直向下打洞。这口竖井，作为将来上下人员、运送材料、提升煤炭、排水、通风的主要通道，不久井口就要添置桔槔、辘轳这类提升设备，而变得繁忙起来。另一拨则进入井巷，开始少量出煤。大量的新鲜空气流随着竖井的完工涌入井底，因为缺氧正感到胸闷气短的挖煤工们顿觉呼吸舒畅，精神倍增。他们不像以前那样，跟着扩散的气流，挖到哪里算哪里，而是朝着一个方向开一条长长的煤巷。他们已经变得非常聪明，省时省力的观念提前为以后的回采做好了准备。古老的梯形木支架风采依旧，尝试性地支撑起一道保障安全的

在古代，开凿井筒进入煤层后，挖取煤炭的具体方法由简单逐渐走向复杂。古代初期凿井见煤后即行挖取。到了宋元时期，出现布置巷道和采区的方法。开凿井筒后，先挖巷道，把煤层分割成若干个采煤区，然后按照一定的顺序，依次从各采区采取煤炭。

矿井支护

巷道内架设梯形支架，一架称为一厢。如果是急倾斜煤层，则用横撑。支架上面或后方，插置背板，支架密度根据顶板硬度确定。这种方法现在还在沿用。

生命线。只要风力可及，这条煤巷似乎可以无限延长。但事情显然没有那么简单。当煤巷达到一定长度时，稀释的空气使呼吸又变得艰难起来。不过，应对的方法他们早就策划好了。一个专用的小通风井，在距离提升井最远的一端开始挖掘，最终直达地面，与提升井共同组成一条通畅的空气环路。这种自然通风方法，明清时期仍普遍采用。通风井完工之前，在竖井里插根一端伸出地面的竹竿很有必要。竹竿的中空结构形成的吸力，快速将井底的有害气体抽出井外，起到了净化空气的作用。

相比宋朝人的按部就班、分工协作，英国人显得既笨拙又粗糙。他们在18世纪前仍以开采浅部煤层为主，而且采用的是11世纪的宋朝人已经废弃的一种叫作"钟形采煤法"的开采方式。开凿一口深度不足6米的立井这么简易的工程，英国人自然也是熟门熟路。一旦到了井底可就不是那么回事了。毫无章法地四处乱挖，常常把自己置于危险境地。当四周的顶板发出垮塌的警告时，他们最擅长的不过是人人都会做的一哄而散。逃至地面，再选一处合适的地点，照前法重打锣鼓另开张。这个笨蛋法子所造成的无数个黑窟窿，形似一只只空虚的大钟，

古代排放瓦斯图

古代煤矿排放瓦斯的办法，遵循着严格的物理法则，利用井底、井口空气压强差，把瓦斯抽至地表。这种方法现在看上去都十分巧妙。

轮 车

这种小型的带轮的架子主要用于井下煤炭的运输，在清代的煤矿非常普遍。

把整个地区糟蹋得千疮百孔。

火药用于中国的采煤作业，是发生在清朝晚期的事情。19世纪70年代末，中国开平煤矿引进英国技术，聘任英国矿建师建设新式煤矿，应用打眼放炮的方法掘进井筒和通风运输巷道。宋朝人也有类似的东西，是唐朝的道士们炼制金丹时意外

合成的副产品，一种名字也叫火药的黑色粉末。玩火药，中国人可是老祖宗。不知出于何种考虑，宋朝人拒绝使用火药崩开煤层这种简便快捷的方法，而是固执地选择了远在战国时期就推广开来的铁制农具，全凭人力供应整个社会的能源所需。越来越多的农民，农闲时来矿区充当挖煤手，也顺便把他们称手的工具带入矿井。镬，本来是掘地的器具，首现于东周。用镬掘煤，自然是好工具。锹，或者叫削，刨土开渠必不可少，用它来铲煤削煤，当然也不错。铁搭，长着一排微微向里弯曲的尖齿，入土时极为爽利，扒煤块最合适不过。斧，古老得似乎与天地同寿，但一离开木头的帮衬，它的能力就要大打折扣。到了矿井底下，它的作用也不外乎削削砍砍，为木支架的成形和竖立做一些力所能及的事情。这些利用业余时间到矿区打短工以改善生活质量的农民，后来有一部分索性留在这里，成为专职的煤炭生产者。一项久盛不衰的儿童游戏"跳格子"，被应用到采煤工作面的布置上来。每隔一段距离，不用多长时间，煤层中就会出现一个狭长的椭圆形"煤窝"，就是采空区。这种貌似一只大瓶子的空间结构，无需木架支护就能够把顶板垮落的风险降低到最小。在气流涌动长达500多米的巷道中，开辟10个这样的工作面，可以容纳100多位农民出身的矿工兄弟同时作业。

治理矿井水患，宋朝人没有太大建树。法子还是老法子，在低洼处掏坑。不过那时坑

不叫坑，而叫井，因为它的深度比以前大了许多，所蓄水量足以瘫痪整个矿井。提水工具除了辘轳、桔槔，他们发明了一种新鲜玩意，中国最早的人工抽水机，唧筒。苏东坡的《东坡志林》中记载了这种排水工具的制作与使用方法：“以竹之差小者，出入井中，为桶无底而窍其上。悬熟皮数寸，出入水中，气自呼吸而启闭之，一筒致水数斗。”南方人就地取材，把许多个唧筒绑为一体，固定在斜井井口，形成一条“长龙”。众人一起拉动活塞，其态势十分壮观。所以，他们给这阵势起了一个非常生动贴切的称谓，拉龙。

晚清时期，中国古代所有有关煤炭开采的知识积累，包括地矿勘舆、巷道开拓、工作面布置、人员调配、协作管理，都最大限度地在实践中得以应用和发挥，似乎再无突破的必要。更多类型用来提高生产效率的便利工具，从日常生活和其他行业中借鉴过来。辘轳被改造成以牛、马等畜力为动力的绞车，安置在离井口较远的地方，使提升工作变得轻松而有趣。身型伟岸的鼓风器具，如风车、风柜、风扇、牛皮囊之类，与竹子编制的风筒连接在一起，把新鲜的空气送到井下更远更深的采掘场地。自英国人那里学会使用炸药之后，煤巷的宽度、高度都增加了一大截，更利于回旋的空间，

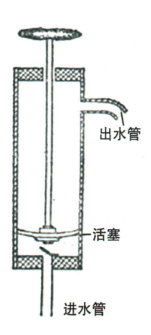

出水管

活塞

进水管

铁搭

铁搭，又名带齿镵，是一种用人力耕地的工具。早在战国时代就出现了二齿镵，汉代又出现了三齿镵，但是后世江南所用的四齿镵却出现较晚。从考古发掘材料来看，与后世铁搭形状相似的四齿镵，到了北宋才出现于扬州一带。不过，从现有记载来看，一直到明代中期，铁搭的使用才普遍起来。

唧筒

古代唧筒也就是水泵。唧筒中有拉杆和活塞。将其竹筒端放进水中，并将裹絮（即活塞）水杆（即拉杆）往上抽起，水就通过窍（阀）进入水筒中。唧筒在中国起源年代不详。但产竹地区的儿童，将它当作玩具的历史却很久了。

93

风箱冶铁图

风箱是个极其简单而又聪明的发明。在一个其作用如汽缸的长方形箱子中，活塞被推进和拉出，将羽毛或折叠的软纸片楔进活塞的四周，以保证在其通道上既不透气又润滑。箱子的两端各有一个气阀：当活塞被拉出时，空气从远端被吸进来；当它被推进时，空气则从近侧被吸进来。在向里和向外的两个冲程中，空气被吸进汽缸；而在这两种情况下被压缩部分的空气被推进到一侧室中，并在那里通过排气口或喷嘴被喷射出去。它不仅能鼓风，也能喷射液体。

让牛力车、马力车这样的大型车辆直接下井拉煤成为可能。往日的竹筐、藤篓这些井下装煤器具，大部分已被淘汰，代之以底部安有轮子的木头箱子。与之相应，巷道中铺设了木质轨道，从一头直达另一头。中国的手工采煤至此到达顶峰。

具有讽刺意味的是，中国的衰落也正是从这个时候开始的。

18世纪60年代，第一次科学革命的曙光照彻英伦。经过半个多世纪的改造，蒸汽文

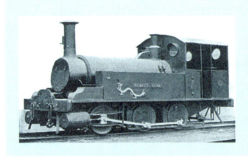

龙号机车

1882年，开平煤矿的中国工匠们精心制造了一台规范、精良的蒸汽机车，它可以和同时代的外国机车相媲美。当时矿务局的英籍工程师薄内的妻子为机车起了名字，叫"Rocket of China"，意思是"中国火箭"，这是仿照斯蒂芬森那台著名机车"火箭"号而命名的。参与制造机车的中国工匠在车头两侧各镶嵌了一条金属刻制的龙，因此大家又把它称作"龙"号。

明引导下的西方世界，如同一台马力十足的战争机器，喷吐着热气腾腾的白雾，裹挟了无限的野心，昂首阔步，滚滚向前。中国的领先地位不复存在。

综采工作面

综合机械化采煤是指采煤工作面全部生产过程，包括破煤、装煤、运煤、支护、采空区处理及回采巷道运输、掘进等全部机械化。综采工作面的主要设备有：采煤机、可弯曲刮板输送机、自移式液压支架，简称"三机"。

对中国古代煤炭生产过程中的主要生产环节进行梳理，可以发现古代中国虽然使用煤炭的历史悠久，但是生产技术的发展相对缓慢，煤炭的开采工艺长期停留在原始的人力劳动水平。因为生产技术的发展不仅受到经济因素的影响，还会受到社会政治，意识形态等文明要素的影响。

回顾中国近现代井工采煤技术工艺，则主要经历了三个阶段，即人们常说的：炮采、普采、综采。

改革开放几十年特别是近十年以来，我国综合采煤工艺取得了长足的发展，形成了具有中国特色的现代化开采技术与装备体系，我国高端液压支架、重型输送机设备等开采装备核心技术已经居于国际先进水平，高端液压支架和电液控制系统已实现国产化，结束了依赖进口的历史。在采煤技术工艺上，世界最先进的综合自动化无人采煤工作面已经在我国多个矿区运行多年，综采放顶煤开采装备技术处于国际领先地位。

在这方面中国神华大柳塔煤矿是我国现代化高产高效

炮　采

是打眼放炮落煤方式的简称，开采工艺主要包括落煤、装煤、运煤、支护、采空区处理等工序。其特点是爆破落煤、人工或机械化运煤。用木柱、棚子或金属支架支护工作空间顶板。炮采的设备和技术简单，能够适应复杂的地质条件，但劳动强度大，人工装煤和移设输送机费工费时，工作面效率低，危险程度较高。

普　采

　　是落煤、装煤和运煤等回采工序实现普通机械化的采煤方式。开采工艺特点是用采煤机械同时完成落煤和装煤工序，而运煤、顶板支护和采空区处理与爆破采煤基本相同。普采使工作面回采工艺简化，劳动强度比炮采减轻，工作面单产和工效比炮采有了很大提高。

矿井的践行者、先行者，曾先后多次创造了国内外行业的新纪录和世界第一。他们的主要业绩表现在：2000年，大柳塔煤矿单井产量920万吨；2001年，单井产量一举突破1000万吨，全球第一座千万吨井工煤矿横空出世。

无人自动化综采工作面

　　建立起工业控制系统和管理信息系统，在顺槽集控中心或地面来完成对工作面所有设备的操作，设备包括：采煤机、支架、刮板输送机、转载机、破碎机、负荷中心、泵站。在调度集控室和部门的计算机上可以直观的了解到所有数据。调度集控室只有一名操作员便可对全矿进行生产协调　指挥，对供电、主运输等系统进行操作控制。

2002年，大柳塔煤矿一个漂亮的二级跳，一矿双井产煤1625万吨，创造出世界井工煤矿一流水平。

2003年，大柳塔煤矿又一个华丽的三级跳，生产煤炭2076万吨，全球第一座2000万吨井工煤矿由此产生。随后年产水平始终保持2000万吨以上。

而创造这些辉煌业绩的主力，当年仅靠全矿在册员工不过680多人。

2012年，大柳塔煤矿再创全球煤业新高，全年商品煤产量突破3000万吨，建成世界首个3000万吨级井工煤矿. 在全国也成为产量贡献最大和效益最好的矿井。

1000万吨，2000万吨，3000万吨，这是三次划时代的突破！这是三度里程碑式的跨越！正是大柳塔煤矿，彻底颠覆了传统工业化煤炭开采方式和煤矿模式，开创了我国煤矿建设新型工业化道路的新纪元。

大柳塔煤矿的建设模式和建设经验，也很快在全国其它煤炭矿区推广应用，从此实现了我国特大型矿井、矿区建设技术，生产工艺从世界煤业的落后者、跟跑者到领跑者角色的历史性转变。

荣耀与屈辱均成往事，过去的就让它过去好了。历史无法改写，未来仍在手中。

世界级大矿——中国神华大柳塔煤矿

七、功过由谁评说
——煤炭的不白之冤

> 鸟儿都知道；
>
> 煤炭无罪，
>
> 何须辩白。
>
> 人类，才是灾难世界，
>
> 真正的缔造者。

花，该开的早已开过；树，该绿的照常绿了。

2013年暮春时节，阳光明媚，惠风和煦。卸下冬装，轻快的脚步和着春夏之交的节律，踏出的是一片好心情。为迎接即将到来的夏天，人们一如往常地做好了准备。甚至有些性急的人，换上轻衣薄裤，迫不及待地提前入夏了。可就在这个时候，故意跟人闹着玩似的，渐行渐远的寒潮突然折返身杀了回来。一时间，鹅毛般的雪片漫天飞舞，气温过山车一样由高点陡然跌落。虽然经历过无数乍暖还凉的考验，但20℃如此之大的温差，还是让人猝不及防。整个北半球，在突如其来的寒流中瑟瑟发抖。

按惯例，每次大事件之后，总有权威部门的权威人士出面给予适当解释，以消除民众的疑惑和恐慌。但是，这场有悖常理的大雪不仅封冻了专家学者们的嘴巴，也封冻了众人

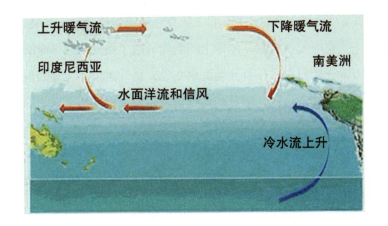

上升暖气流　　下降暖气流

印度尼西亚　　　　　　南美洲

水面洋流和信风

冷水流上升

沃克环流

　　由英国气象学家沃克在 20 世纪 20 年代首先发现，是热带太平洋上空大气循环的主要动力之一。它是指在正常情况下较干燥的空气在东太平洋较冷的洋面上下沉，然后沿赤道向西运动，成为赤道信风的一部分，当信风到达西太平洋时，受到较暖洋面的影响而上升再向东运行，如此形成了一个封闭的环流。证实这一大气环流形式的雅各布·皮叶克尼斯为了纪念沃克的开创性工作，将此环流命名为沃克环流。

喜好猜测的心理。没有抱怨，没有诅咒。面对老天接二连三的暴虐，除了习以为常默默忍受，恐怕没有其他更好的办法。过了许久，一位不太知名的气象学家，用他的博客将近几十年盛行于世的观点简单重复了一遍：初夏季节的这场大雪，是全球气候变暖引起的天气异常。并且预测，2013 年将出现强烈的拉尼娜现象。

　　在赤道区域，太平洋的温度西高东低。西边的印度尼西亚与澳大利亚东部沿岸一带，因海温高气压低而形成旺盛的上升气流，气流升至高空转而向东运动。东太平洋海温低气压高，向东移动的气流到达这里之后，便向下沉降，沿着海面向西回流。这样就形成一个横贯赤道太平洋的闭合大气环流圈，沃克环流。沃克环流东部的冷水海域，如同一道鬼门关，灵敏而脆弱。一旦这里的水温连续三个月出现哪怕是 0.5 摄氏度的落差，两个恶灵便会冲关而出。他们一个叫拉尼娜，另一个叫厄尔尼诺。拉尼娜，西班牙语中的圣女，赤道太平洋东部水域异常变冷的产物。每当看到这三个字，人们总会情不自禁把它与活泼可爱的小女孩形象联系在一起。事实上，和她的"哥哥"——圣童厄尔尼诺一样，作为赤道太平洋中东部一种极端气候现象的代言人，她的所作所为可是与可爱圣洁沾不上一点边。她的暴脾气催赶着沃克环流加速运转，并向西挪位，导致太平洋西岸夏季暴雨成灾、洪水泛滥、冬季风雪交加、寒冷裂骨，而太平洋东岸一带则是干旱少雨、赤地千里。厄尔尼诺恰恰相反，他在赤道太平洋东部海水温度强烈上升时出来闹乱。沃克环流也是他开涮的对象，不过他喜欢让它的运行速度慢下来。这一慢不打紧，地球上的生物可遭了殃。东太平洋沿岸暴雪肆虐、山洪暴发，成千上万人无家可归；秘鲁渔场海水变色，臭气熏天，大量的鱼类呈尸其中；原本烈日炎炎的南美沙漠连遭暴雨，耐旱的动物植物死伤无数；雨水充沛的东南亚地区持续干旱，猛烈的山火迫使习惯了温湿环境的动物们背井离乡，纷纷饿死在觅食途中；南部非洲被大太阳烤得滚烫，颗粒无收致使 500 万人口面临饥荒……拉尼娜和厄尔尼诺性情或急或缓，不尽相同，对某一特定区域的影响也是截然相反，但他们所造成的灾难性后果却没有什么分别。该冷不冷、该热不热，该天晴的地方洪涝成灾，该下雨的地方却高温热浪焦土遍地，整个地球让他俩搅和得乱七八糟。

拉尼娜和厄尔尼诺与极端天气的关系非同一般，但并不是说地球上所有的极端天气，不问青红皂白都应归罪于这两个调皮的"孩子"。关于这一点，即便是最有学问的气象专家，比如德国的维尔内尔·布吉斯等人，在他们的专著中也只给出一个似乎是猜测出来的结论：全球气候变暖很可能是引发极端天气的主要原动力之一，也可能是招致拉尼娜和厄尔尼诺频繁光顾的关键因素。现下持这种观点的学者不在少数，而支持这一论点的证据却十分薄弱，甚至与最终结论相抵触。这就难怪他们的遣词造句，每到要害之处，总变得含含糊糊、似是而非、云山雾罩得叫人摸不着头脑。 所以，全球气候变暖和极端天气到底是不是一而二、二而一的因果关系，始终没有明确的解释，至少在我的心里一直是个疑问。虽然没

森林火灾

　　近年来最厉害的一次厄尔尼诺事件发生在 1997 ～ 1998 年，那一年几乎整个南亚都在忙着扑山火，大火对该地区生态环境造成的影响直到现在都没有缓过来。

能找到我需要的答案，但阅读大师们的著作，仍使我受益匪浅，起码了解到许多比单纯的结论更为丰满的气象、环境知识，比如温室效应、碳循环等。

无论极端天气的发生机理是什么，有一点可以肯定：我们的地球正在持续低烧。一份研究报告显示，自 1860 年人类第一次使用仪器记录全球温度以来，地球的温度就在不断上升。在 20 世纪，全球变暖的程度更是赶超以往 400～600 年中的任何时期。2000 年后，世界各地的高温记录屡破新高。全球持续变暖的趋势已经不可逆转。科学家预测，未来 100 年，全球平均地表温度会有 1.4℃～5.8℃ 的上升幅度，人类将进入一个完全变暖、灾难重重的世界。

虽然全球变暖的许多不良影响可能要到 21 世纪末才会变得非常严重，但是尼泊尔、印度、巴基斯坦、中国和不丹等地的冰川融水可能很快就会给人们造成麻烦。国际冰雪委员会的一位负责人说："即使冰川融水在 60～100 年的时间里干涸，这一生态灾难的影响范围之广也将是令人震惊的。"冰川消融最直接的后果是海平面升高，海岸滩涂湿地、红树林和珊瑚礁首先遭到破坏。为了一尝海鲜之味，人类不得不到更远更深的海域去冒险。由于海水入侵，沿海的水井再也打不出淡水。海滨一带，随着被海水逐渐淹没的城市乡村，终将成为一片由惊涛骇浪主控的"鬼域"。地球上最后一块自然冰将在南极半岛消融，世代居住于此的帝企鹅无法逃脱消亡的命运，追随同样被高温、饥饿灭族的北极熊而去。无数岛屿的消失，使得海洋显得越发空旷。

大幅缩水的陆地上，人头攒动拥挤不堪。这里的不平静不只表现为高频率造访的各种极端天气所引起的诸如洪涝、冰雹、雷暴、飓风、严寒、酷暑等自然灾害，更可怕的是那些冰封了千百万年的远古病毒，因为冰川融化而再度活力四射。它们被猛烈的气流带到世界各个角落，种种莫名其妙的疾病因此横行人间。生物链、食物链遭到严重破坏，饥不择食的人类恐怕较之于茹毛饮血时代的原始人更加凶残。到时候，贫富差异比人和猴子之间的差距还要大。饥饿、能源匮乏所引发的战争此起彼伏，成千上万饥寒交迫的生命在强权的威逼下，成为炮灰。不过这种日子不会维持太久。饱受高温欺凌的人类精子，其活动能力越来越不中用，致使风光不再的出生率雪上加霜。假若高温继续，日益衰老的人类必将走向灭亡。

这是一幅多么恐怖的景象。

我没有吓唬各位的意思，我何尝不希望子子孙孙千秋万代呢？但希望总归是希望，只要地球不断升温这个严峻的现实摆在面前，我们的希望就有可能化为泡影。有一种观点认为：温室效应是造成全球气候变暖的主要原因。这是科学家们研究了近一百年来二氧化碳排放量的增加与气温上升之间的相关性提出的观点。他们估计，大气中二氧化碳每增加1倍，全球平均气温将上升1.5～4.5℃，而两极地区的气温升幅要比平均值高3倍左右。这种说法虽然尚存争议，但我们确实已经感受到了全球气候的异常，并频繁见证了气候异常所带来的种种灾难。满怀着对人类前途命运的担忧，科学家们频频拜访联合国。他们的深情厚谊和严谨的科学论述，让全世界为之动容。最后，联合国被说服了，于1992年专门制订了《联合国气候变化框架公约》。截至2004年5月，已有189个国家正式批准了该公约，同意逐年减少二氧化碳的排放量。

要真正读懂科学家们的苦心和担忧，还有很多东西需要了解。我们就从温室效应和二氧化碳开始吧。

天地间万事万物，各有其存在的理由。就说温室效应，自地球生成以来，它就一直起着作用。在农村生活过的人，想必对蔬菜大棚不会陌生。使用玻璃或透明塑料薄膜来做温室，是让太阳光能够直接照射进温室，加热室内空气，而玻璃或透明塑料薄膜又可以不让室内的热空气向外散发，使室内的温度保持高于外界的状态，以提供有利于植物快速生长的条件。我们的地球也是一个大温室。大气中有一些气体，如同一层厚厚的玻璃罩，聚集在地表附近，能够有效地阻止地球接受太阳照射增温后的长波——红外线辐射向外扩散，从而升高地球表面及低层大气的温度。这就是所谓的温室效应，也称花房效应。这些气体包括一同参与原始大气构成的水蒸气、氮的各种氧化物以及臭氧，还包括近几十年来人类为追求所谓高质量的生活，向大气中排放的像甲烷、氧化亚氮、氢氟碳化物、全氟碳化物及六氟化硫等30多种有毒有害气体。不管原有的还是后来的，科学家为它们起了个统一的名称——温室气体。

关于二氧化碳，我们应该知道的更多一些。倘使不考虑人为因素，它的存在根本就是造化崇尚平衡的结果。正是仰赖二氧化碳的作用，我们的星球才如此丰富多彩。它最大的功绩，是构建和滋养了地球上庞大的绿色王国。广

让－巴普蒂斯特－约瑟夫·傅里叶

1820年之前，没有人问过地球是如何获取热量的这一问题。正是在那一年，让－巴普蒂斯特－约瑟夫·傅里叶回到了法国。他整年披着一件大衣，将大部分时间用于对热传递的研究。他得出的结论是：尽管地球确实将大量的热量反射回太空，但大气层还是拦下了其中的一部分并将其重新反射回地球表面。他将此比作一个巨大的钟形容器，顶端由云和气体构成，能够保留足够的热量，使得生命的存在成为可能。他的论文《地球及其表层空间温度概述》发表于1824年。当时这篇论文没有被看成是他的最佳之作，直到19世纪末才被人们重新记起。

失控的温室效应

温室效应如果进一步加剧，我们的地球就会变成一个巨大的保暖瓶，而且还是一个不断升温的保暖瓶。全球温度升高，将导致海啸、台风频发，夏天极热，冬天极冷等人类无法预料的极端天气。

大的绿色植物以二氧化碳为原料，通过光合作用，生产出众多食草动物所需的糖类、氨基酸、脂肪等有机物。进而，食肉动物和杂食动物得以在追捕猎物的过程中，发展壮大。毫不夸张地讲，二氧化碳是地球上动植物世界生生不息的原动力。造物主赋予二氧化碳另外一个重要的功能——保温，为我们的生存提供了所需的温度。科学家们提出过一个假设，如果没有温室效应，地表平均温度就会下降到 $-23℃$。在这样一个比冷冻室还要低得多的温度环境中，且不说今天人类的繁荣，即便是最耐冷、最顽强的低等生物恐怕也是寥寥无几吧。到如今，人类利用二氧化碳不燃烧也不支持燃烧的化学稳定性，已经把二氧化碳的功用推进到一个梦幻般的境界。强行将二氧化碳打压进灌装的液体后，苦涩的啤酒变得口感十足，也让碳酸饮料伴随着飞溅的泡沫风靡世界；我们熟知的固态二氧化碳——干冰，无时无刻不在世界各地烈焰翻腾的大火中建立功勋；即便是一方小小的舞台，干冰所营造出的那种腾云驾雾般的效果，也常常让亲临者激动不已。假如你对现代工业有足够的了解，你就会发现，二氧化碳的身影竟然无处不在。汽车、轮船、航空、太空与电子工业、制碱工业、制糖工业，塑料行业、人工造雨、核工业及印刷工业……你会掰指头掰到手软。真就应了那句话：虽人有百手，手有百指，不能指其一端。

话还得往回说。尽管二氧化碳神通广大，但近几十年来所背负的恶名，早已让它斯文扫地。也许有人不服，想为二氧化碳讨回点公道，说："同为温室气体，其他任何一种的吸热能力都不比二氧化碳弱，尤其是氮氧化合物，其吸热能力是二氧化碳的 270 倍。比较之下，二氧化碳只能算是个小兄弟。可为什么开批判会的时候，二氧化碳总是首当其冲倍受苛责呢？"其实，同样的问题我曾经也提出来过。当时，一篇文章里的一段话解开了我心中的纠结，现在转述如下：二氧化碳在大气中的含量约占全部温室气体的75%，它对全球升温的贡献也最大，所占比例约为55%，绝非其他温室气体可比拟。我想，和十几年前相比，二氧化碳所持比重只有更高，没有更低吧。

把大气中二氧化碳浓度不断增加和地球温度持续升高这两个孤立事件结合起来看待，然后套用温室效应原理，得出温室气体增加会造成全球变暖的结论，自然是顺理成章。不过，我在上文中也有提到过，科学家可以说服联合国，却说服不了他们的同行。另外一些科学家认为，没有足够证据支持，下此结论稍显草率。这种声音虽然微弱，但仍值得我们认真聆听。科学家的争吵，总比长舌妇们搬弄是非有意义得多吧。

在科学家找到真相之前，我倾向于比较流行的意见，相信这也是大多数人的选择。屁股决定大脑，所以接下来我要告诉各位，大气中多余的二氧化碳是怎么来的。

无色无味的二氧化碳可以作为原料被植物吸收，转化为生物——植物和动物的机体，也可以溶于各种水体——雨水、河流、海洋之中。特别是海洋，它存储二氧化碳的

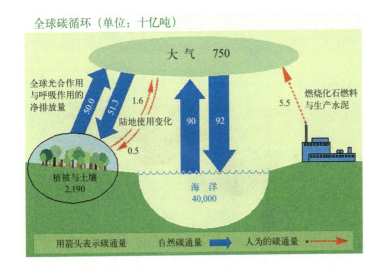

全球碳循环（单位：十亿吨）

> ### 碳循环
>
> 绿色植物从空气中获得二氧化碳，经过光合作用转化为葡萄糖，再综合成为植物体的碳化合物，经过食物链的传递，成为动物体的碳化合物。植物和动物的呼吸作用把摄入体内的一部分碳转化为二氧化碳释放入大气，另一部分则构成生物的机体或在机体内贮存。动、植物死后，残体中的碳，通过微生物的分解作用也成为二氧化碳而最终排入大气。大气中的二氧化碳这样循环一次约需20年。二氧化碳可由大气进入海水，也可由海水进入大气。这种交换发生在气和水的界面处，由于风和波浪的作用而加强。这两个方向流动的二氧化碳量大致相等，大气中二氧化碳量增多或减少，海洋吸收的二氧化碳量也随之增多或减少。

能力，对人类来说，至今仍是个未知数。无论面貌发生多大改变，无论逗留的时间有多长，二氧化碳最终仍会毫发无损地以最初的状态返回大气。如此，它就在大气和生物、大气和海洋两个相对独立的环路上保持着某种平衡，往来不辍。

平衡总是脆弱的，绝对的平衡根本不存在。援引美国弗吉尼亚大学教授威廉·拉迪曼话说，从史前农民砍倒大树并开垦第一片田地开始，自然界的平衡就逐个被打破了。人类活动致使森林大面积消亡，是大气中二氧化碳浓度增加的一个重要原因。其中道理，不用我多说，各位也想得明白。另外一个原因同样与人类脱不了干系。学术界一致认为，大气中二氧化碳的含量从工业革命前的 280×10^{-6} 增加到现在的 550×10^{-6}，完全由人类毫无节制地燃烧石油、煤炭、天然气等化石燃料所造成。一旦某个平衡被打破，马上就会达成另一个平衡，这是自然界颠扑不灭的永恒定律。在森林力量严重疲弱的现实下，为消耗大气中浓度不断飙升的二氧化碳，唯一的办法就是增加水体面积。而增加水体面积，只能靠一条途径来实现，那就是融化聚集在高山和极地的固态水来补充水量的不足。要融化那些冰块，最便利的武器莫过于提升地球的温度。所以，我们现在面临的不是有没有温室效应的问题，而是人类通过燃烧化石燃料把大量温室气体排入大气层，致使温室效应与地球气候

排放毒气的烟囱

大气中温室气体浓度增加的主要原因是工业化以后大量开采使用矿物燃料。1997 年于日本京都召开的联合国气候变化纲要公约第三次缔约国大会中所通过的《京都议定书》，明订针对六种温室气体进行削减，包括：二氧化碳、甲烷、氧化亚氮、氢氟碳化物、全氟碳化物及六氟化硫。其中以后三类气体造成温室效应的能力最强，但对全球升温的贡献百分比来说，二氧化碳由于含量较多，所占的比例也最大。1860 年以来，由燃烧矿物质燃料排放的二氧化碳，平均每年增长率为 4.22%，而近 30 年各种燃料的总排放量每年达到 50 亿吨左右。

发生急剧变化的问题。有乐观派科学家声称，人类活动所排放的二氧化碳远不及火山等地质活动释放的二氧化碳多，温室效应并不全是人类的过错。这种看法有一定道理，但是无法解释工业革命以来大气中二氧化碳含量的恐怖上升。难道它们全是火山喷出来的吗？

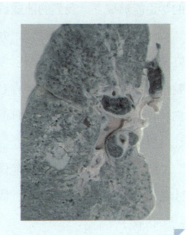

煤 肺

煤工尘肺是由于长期吸入大量煤尘所导致，是一种进展性疾病，一经发生，即使脱离煤尘作业，仍可继续发展，而且能引起肺结核、支气管肺炎、肺癌等严重的并发症。图中的煤肺如同浸在墨汁中的海绵一样质地柔软而经黑。

　　终于说到煤炭了。

　　我之所以绕来绕去，最后才绕回到煤炭这个主题，原因很简单，就是希望各位在阅读前面文字的过程中，自然而然地接近问题的核心：我们指责煤炭破坏环境的理由是否充足？

　　有一定科学常识的人都知道，只要是有机物，燃烧时一定会产生二氧化碳。而煤炭是自然界含碳量最高的化石燃料，它在燃烧过程中释放出比其他材料多得多的二氧化碳，也是理所当然。更糟糕的是，人类现在的技术手段，尚不能使煤炭完全燃尽。大火中的残留物——碳粒和一部分灰渣以及未能完全燃烧形成的一氧化碳，混合成滚滚浓烟，通过大大小小各式各样的烟道、烟囱，在蓝天白云间任意涂抹。它们之中的一部分——降尘，低空徘徊一阵之后，便会就近降落在农田、水面、森林、草地以及城市、乡村等，地球引力发生作用的任何地方。所到之处，山川失色，乾坤惨淡。一呼一吸之间，它们畅通无阻地进入所有依靠呼吸与外界交换能量的动物体内，不为别的，只为酝酿疾病。飘尘，顾名思义，就是长期随风飘荡的碳粒粉尘。来自美国的詹姆斯·汉森博士就认为，导致地球升温的正是碳粒粉尘，而不是二氧化碳。他说：众多的碳粒粉尘聚集在对流层中，导致了云层的堆积。而云层的堆积便是温室效应的开始，因为 40%～90% 的地面热量来自于云层所产生的大气逆辐射。云层越厚，热量越是不能向外扩散，地球也就越裹越热了。如果汉森博士的学说能够成立，我们的地球就有降温的希望。

凡事有一利必有一弊。一方面，出于种种目的，不惜破坏植被、荼毒河流、污染空气，野蛮地提高着煤炭的产出量；一方面，又因为不堪忍受随之而来的肮脏环境而对煤炭痛加鞑挞。这就是人类，矛盾着自私着的人类。如果继续这样的生活方式，等待我们的唯有灭亡。我无意为煤炭辩白，但扪心自问，它代人受过的冤屈实实在在。嫌它脏，你可以不用，让它静静地待在地下不好吗？

除了抱怨，我们该做也能做的事情有很多。反省便是第一步。煤炭无罪，无节制开发才是灾难世界真正的缔造者。认识到这一点，或许我们还有救。

该收手了！

煤炭焦化甲醇厂夜景

八、节约无小事
——煤炭的综合利用

我们不是没有节约的意识，
只苦于没有过硬的、
可供节约的技术。
我倒宁愿相信这话语中的无奈，
以助燃心中始终不灭的期许。

中国有句古话"吃不穷，穿不穷，算计不到就受穷"是说节约的。

中国文化讲究天人之际，合而为一，认为天地同律，人居其中。先哲们把人视作和谐自然的一部分，与天地同列，就是告诫我们要效法天地"生而不有，为而不恃"的伟大精神，尊重自然，适应自然，不可一味地索取破坏。其中蕴涵着的节约理念，与西方人总是企图以高度发展的科学技术征服自然、掠夺自然的价值观完全不同。所以历

肮脏的地球

摄影家用他的镜头警告我们：如果我们继续现在恣意浪费的生活方式，不久的将来，地球就会成为一个充斥着仇恨、杀戮的巨大的垃圾场。

一度电的功用

可以用吸尘器把您的房间打扫 5 遍；能让 25W 的灯泡连续点亮 40 小时；能将 8kg 的水烧开；能让家用冰箱运行一天；能使普通电风扇连续运行 15 小时；能供电车行驶 0.86 千米；可以炼钢 1.25～1.5 千克；可以灌溉小麦 0.14 亩次；可以制造啤酒 15 瓶；可以生产化肥 22 千克。

代王朝，无论皇亲贵族们如何骄奢淫逸，还没有哪个统治集团敢冒天下之大不韪，贬斥节约为可耻行为。即便是假模假式的作秀，也要把勤俭持家的美德在民间大力推广一番。节约宣传了几千年，时过境迁，铺张浪费的恶习较之过往倒越发严重了。实在古怪得很。

这古怪，大抵取决于两种情状：一种心理上的，一种技术上的。

心理上有某种状态叫幸福。对幸福的理解，因人而异。劫后余生的人说，活着就是幸福；颠沛流离的人说，平安就是幸福；深陷囹圄的人说，自由就是幸福；忍饥挨饿的人说，吃饱就是幸福……幸福，无非就是对与苦难现实截然相反的生存状态的一份渴望，一份憧憬。中国人也许是穷怕了的，所以相当多的人觉得钱多就是幸福。不是吗？有钱可以买到没钱时候连想都不敢想的任何东西。一如那段相声《败家子》说的，有钱了买什么都是双份。洗衣机，俩，一台转着，一台陪着转；汽车，俩，一台跑着，一台跟着跑。一言蔽之：钱多了就可以理直气壮地玩浪费了。确乎是这个样子。暴发户豪迈的大手笔自不在话下，我无法理解的是，大多数收入只够勉强维系支出的工薪阶层竟也乐此不疲。一旦遇着机会，

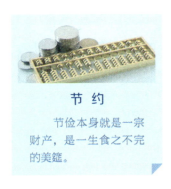

节约

节俭本身就是一宗财产，是一生食之不完的美筵。

他们定会雄赳赳气昂昂地摆一回不差钱的谱，过一把浪费的瘾。这不是打肿脸充胖子是什么？浪费，作为国人掩饰怯懦、显示豪爽的方式，风靡千古而不衰。它与贫富贵贱毫无瓜葛，而是一种纯粹的虚伪，一种长期妒忌、压抑、不公、报复心态的后遗症。无须逐一条陈，同为中国人，你的感触也许比我深刻得多。"一箪食，一瓢饮，在陋巷，人不堪其忧，回也不改其乐。贤哉回也！" 圣人树立的

样板越是几千年屹立不倒，于国人心中，贫穷可耻的习惯性思维就越是根深叶茂。人无远虑，必有近忧。就事论

事，贫穷固然可耻，浪费便光荣吗？

将节约的理念付诸行动，需要技术的强力支撑。每一项技术的更新换代，总是能给节约注入无限活力，从而促进社会整体效率的飞跃。在这方面，中国的古人智慧超凡，曾经铺就一条坚实的辉煌之路。他们的成就，至今为世人所敬仰。可叹的是，华夏一族不争气的后人们没能把这条道路延展开去。当西方列强在指南针的引导下省时省力、顺风顺水地驰骋大海、创立霸业的时候，中国的堪舆师们却依旧捧着风水罗盘，虔诚地为死者构建坟穴，浪费土地。火药在国人手里只不过是一枚声响并不悦耳的爆竹，它带给人们的欢愉是那么短暂；一旦倾注了无数心血的人力、物力在天空炸成碎片的时候，包裹在刺鼻的、令人窒息的空气中，何尝不是一种痛苦呢？在西方人眼里，火药是这样的神奇，它是开疆的先锋，拓土的利器；基于火药最原始的启发，现在他们把宇宙探测器发送到更深远的太空，开始为人类寻找新的家园；而此时的中国人，却还在为如何开发出更漂亮的烟花消磨心智。为了保护日渐衰退的森林，一场电子媒体取代纸质媒体的划时代运动在西方世界风

旅行者1号

谦 虚

无论在什么时候，永远不要以为自己已经知道了一切。不管人们把你们评价得多么高，你们永远要有勇气对自己说：我是个毫无所知的人。

—— 巴甫洛夫

煤 饼

河南铁生沟汉代冶铁遗址是现在所知中国历史上最早用煤炼铁的遗存。其中出土的煤饼，可以说是世界上最早的型煤。

起云涌；而森林人均面积不足世界八分之一的中国，此时此刻，不知有多少花花绿绿的小广告在漫天飞舞，又有多少明知故犯的大人、不知稼穑之苦的孩童们正不假思索地在一张张雪白的纸张上信手涂鸦，然后毫不怜惜地弃之尘寰。

我们不是没有节约的意识，只苦于没有过硬的、可供节约的技术。我倒宁愿相信这话语中的无奈，以助燃心中始终不灭的期许：但愿我们的中国，现在不会，永远不会有因一部分人的奢侈无度而使另一部分人饿肚子一类的事情发生。

节约无小事。据一份研究报告称，保持现有的生产水平，中国的煤炭只够开采 200 年。也就是说，200 年之后，如果没有足以替代煤炭的能源，中国的大倒退将不可避免。中国古代的劳动者没有这种基于科学事实的担忧。尽管他们错误地认为煤炭资源取之不尽，用之不竭，但从古代墓穴中发掘出的大量煤饼、煤球，说明中国人最迟在汉代就已经懂得如何运用成型技术更加有效地利用煤炭了。那可是现代型煤技术的开山鼻祖。

到唐代，也是中国人，炼制出了世界上第一炉焦炭。经过一千多年的改造，炼焦技术日益精进，但基本原理仍以唐朝人最初的发现为准绳，没有丝毫走样。

世界没有遗忘中国，就像中国不可能独立存在于世界之外一样。从四面八方蜂拥而至的先进思想和先进技术，打破了中国几百年的自封自闭，也使得这个煤炭生产大国的国民有机会重新审视煤炭。煤炭不止可以粗放地用以烧火做饭，驱寒送暖，而且可以改头换面，在其他行业特别是化工领域施展更大的作为。如果手段足够得法、细腻，简直可以说：煤炭浑身是宝。科学无国界。现在，我们已经掌握了相当的技术，如煤的气化、液化和干馏，敲骨吸髓地使煤炭的利用效率极尽精微。

先说说干馏。

馏，从食，留声。本义是把饭蒸熟。后来，在加热分离液体混合物的操作中，人们借用了这个字，称之为蒸馏。推而知之，加热固体使其分化的过程自然就叫干馏了。但有一

蜂窝煤

现代型煤的一种。把煤粉加工成圆柱体，并在圆柱体内打上一些孔，因为这样可以增大煤的表面积，使煤能够充分燃烧，减少资源的浪费。

点应当明白，干馏的加热不是为了燃烧，所以必须在没有氧气的环境中进行。这样，才方便将原有物质所蕴含的能量分而治之，转存于新生物质的体内，而保证没有流失。煤炭干馏——说白了就是炼焦，一样得秉承这个原则。温度则是这一工艺的绝对掌控者，它把煤干馏按照加热终温分为三个级别：900～1100℃时的高温干馏，700～900℃时的中温干馏和500～600℃时的低温干馏。其中的不同，这里不多做解释。而煤炭，作为一系列化学演化的主角和最初的能量拥有者，它的改变由外而内，贯穿始终。

100℃，终归是一道神奇的分界线。无论隐藏得多深刻，在这档口，任何水分总是把持不住地化为一缕雾气，升腾而去。不过，一块身处干馏室的煤炭，必须施以200℃以上的高温，把其中的结晶水也扫荡干净，才是真正意义上的干燥。这块干透了的煤炭，在350℃时开始软化变形，并进一步形成一种粘稠的、黑乎乎的胶质体。第一次热分解发生

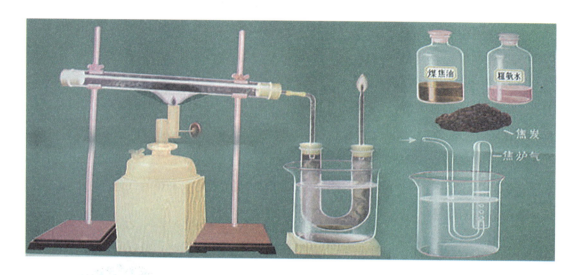

煤的干馏实验

高温干馏主要用于生产冶金焦炭，所得的焦油为芳香烃、杂环化合物的混合物，是工业上获得芳香烃的重要来源；低温干馏煤焦油比高温焦油含有较多烷烃，是人造石油的重要来源之一。

宋代焦炭

1961 年在广东新会发掘的南宋咸淳末年 (1270 年左右) 的炼铁遗址中出土的焦炭。这是炼焦和用焦炭冶金的最早实物，证明中国是世界上最早炼焦和用焦炭冶金的国家。欧洲人直到 18 世纪初才知道炼焦并把焦炭用于冶金，比中国晚了 400 多年。

在 400 ~ 500℃的时候，煤块中最为精华的焦油——又称煤膏和大部分煤气在此时生成并析出。升温如常，分解继续。温度上升至 550℃，已经失去焦油和煤气并固化了的叫作半焦的残留物，把余下的、主要成分为氢气的挥发物质也丧失掉了。同时，它不断收缩，再收缩，表面纵横交错的裂纹，使它看上去就像一张饱经沧桑的老脸。温度超过 800℃之后，当初的那块煤炭因失去太多的东西而变得面目全非。通体微蓝，致密，坚硬，多孔，因为这些完全不同的特质，我们便改叫它做焦炭了。

干馏，帮助煤炭完成了一次华丽转身。经过高温的锻炼，煤炭将其固有的、永恒不变的遗传因子——碳，完好无损地交付于新生的一代。焦炭、煤焦油、煤气，它们继承着煤炭的衣钵，以一种清新、高效

的姿态，必将在更为广阔的天地中拼出一个新世界。

煤焦油，400多种芳烃、烷烃及杂环有机化合物的混合体，一种散发着某种含混不清的特殊气味——说它是臭味也无不可的黑褐色黏稠物。浓缩的才是精华。煤焦油虽然只占干馏煤炭总量的3%～4%，但经专业分离、提纯之后，其所得产物，萘、酚、蒽、菲、咔唑，可以用来制造许许多多比如树脂、工程塑料、合成纤维、染料、油漆、农药、医药等我们熟悉或不熟悉的东西。即便是相对而言最没有用的焦油蒸馏残渣——沥青，也可以补漏防潮，修桥铺路，上上下下为我们竭尽所能。焦炭和煤气，我们熟悉得不能再熟悉的两种煤的衍生品。焦炭的能量对提升人类生活质量所起的作用，比我们的了解可能要大得多。就我所知道的，一切关乎铁的制品，大到宇宙飞船的高级合金，小到别针纽扣的普通钢材，最初无一不是焦炭熔炼铁矿石的结果。干馏煤气，又叫作焦炉煤气，可燃成分占90%，属于中热值煤气。它就像我们一位沉默寡言的亲人，不显山不漏水，

天然焦

由于岩浆侵入与煤层接触或接近煤层，或由于煤层的地下自燃，使煤层干馏而形成的焦炭。天然焦的宏观特征与煤有明显的差别，呈致密块状，有时为多孔状、层状构造；灰黑色至钢灰色，光泽暗淡，坚硬，比重大。

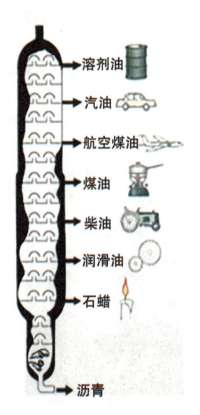

溶剂油
汽油
航空煤油
煤油
柴油
润滑油
石蜡
沥青

煤焦油产品分布

煤焦油是焦化工业的重要产品之一，其产量约占装炉煤的3%～4%，其组成极为复杂，多数情况下是由煤焦油工业专门进行分离、提纯后加以利用。焦油各馏分进一步加工，可分离出多种产品。

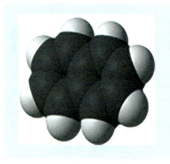

萘的空间填充模型

工业上最重要的稠环芳香烃，分子式 $C_{10}H_8$。纯品为具有香樟木气味的白色晶体，熔点 80.5℃。可以从炼焦的副产品煤焦油中大量生产，主要用于生产邻苯二甲酸酐、染料中间体、橡胶助剂和杀虫剂等。常用的卫生球就是用萘制成的。1958 年以来，代替滴滴涕等氯化产品的甲萘威投产后，用作杀虫剂原料的比例有所增加。

弗里德里希·奥古斯特·凯库勒·冯·斯特拉多尼茨

德国有机化学家(1829 年 9 月 7 日～ 1896 年 7 月 13 日)。凯库勒悟出苯分子环状结构的经过，一直是化学史上的一个趣闻。据说灵感来自于一个梦。那是他在比利时的根特大学任教时，一天夜晚，他在书房打瞌睡，眼前出现旋转的碳原子。碳原子长链像蛇一样盘绕卷曲，忽见一蛇衔住自己的尾巴，并旋转不停。他像触电般地猛然醒来，接着整理苯环结构的假说，又忙了一夜。对此，凯库勒说："我们应当会做梦！那么我们就可以发现真理。但不要在清醒的理智检验之前，就宣布我们的梦。"

平凡得让人时常记不得它的存在。然而，一旦离开它哪怕是一顿饭的工夫，我们的生活立刻就要陷入手足无措的混乱状态。

既然煤气于我们的日常生活如此重要，那有没有一种办法，可以让它的供应源源不断呢？答案当然是有。这就是煤炭气化。简言之，就是在特定的设备内，在一定温度及压力下使煤中的有机质与气化剂——蒸汽、空气或氧气等，发生一系列化学反应，将固体煤转化为气体的过程。按使用气化剂的不同，可制得不同组分和性质的煤气。比方水蒸气通过炽热的焦炭或煤炭时，水与碳发生反应生成一种富含一氧化碳和氢气的混合物——水煤气。燃烧的水煤气呈现出代表高效洁净的蓝色火焰，7.5 倍于汽油的燃烧速度让它过分专注于燃烧本身，而完全忽略了火苗的妖艳漂亮是否能够将一壶水顺

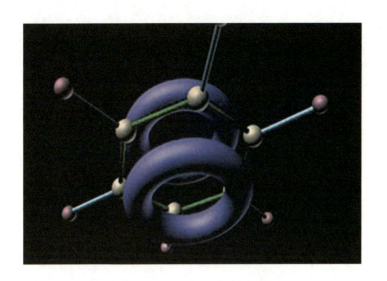

利烧开。它的热效率太低了，需经过特殊处理才能完成燃料的任务。所以大部分情况下，人们只把它当作一种以备不虞的补充燃料。如果以空气——实际是空气中的氧气作气化剂，得到的是比水煤气发热值更低的气体，空气煤气。混合煤气，不用多解释，自然是水蒸气、空气和煤炭共同作用的结果，其加热效果也好不到哪去。

　　可见，把煤炭气化所获取的煤气直接当作燃

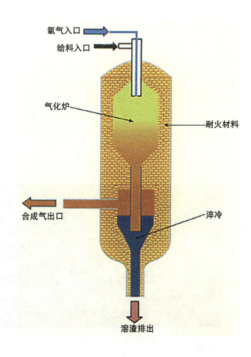

氧气入口
给料入口
气化炉
耐火材料
合成气出口
淬冷
溶渣排出

煤炭气化炉示意图

　　煤炭气化包含一系列物理、化学变化。一般包括干燥、燃烧、热解和气化四个阶段。干燥属于物理变化，其他属于化学变化。煤在气化炉中干燥以后，随着温度的进一步升高，煤分子发生热分解反应，生成大量挥发性物质，同时煤黏结成半焦。煤热解后形成的半焦在更高的温度下与通入气化炉的气化剂发生化学反应，生成以一氧化碳、氢气、甲烷及二氧化碳、氮气、硫化氢、水等为主要成分的气态产物，即粗煤气。

117

料，并不划算。而且，煤气之所以为煤气，是因为它们不管是水煤气、空气煤气还是干馏煤气，都无一例外地将一氧化碳的毒性和氢气的易爆性集于一身，稍有不慎，就会酿成大祸。煤气的特殊臭味，相信有一定生活经验的人都能够轻易辨识出来。不过那臭味原非煤气所固有，它本身无色无味，是

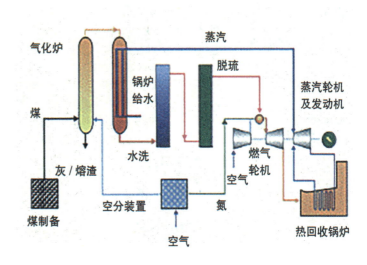

典型气化联合循环装置示意图

聪明的生产者们为了强调煤气的危险，作为一种标志性警示特意掺进去的。目的是在煤气泄漏时，我们能够及时发现并采取措施，以远离灾祸，保全性命。小心驶得万年船，到什么时候都是真理。

瑕不掩瑜，奉劝各位还是不要轻易动用怀疑的好。煤炭气化绝非谎言。且不说低热值煤气也是煤气，需要的话，它随时随地愿意将那点有限的热量毫无保留地贡献出来。何况它志不在此。

有一项时髦的煤炭气化技术——地下煤炭气化，即将地下煤炭通过热化学反应在原地

地下管道系统

几乎每一座城市的地下都存在着一套复杂的管道系统，其中有一条重要的管道将煤气送往千家万户。

转化为可燃气体，各位应当有所了解。不可思议？的确如此，本人感同身受。但是在业内，地下煤炭气化却不是什么新鲜话题。第一个提出这个破天荒设想的是著名的门捷列夫。他在1888年就说过："采煤的目的应当说是提取煤中含能的成分，而不是采煤本身。"更不可思议的是，以后的100多年里，人类竟将他也许是心血来潮的一句话，

变为了现实，并誉之为第二代采煤技术。地下煤炭气化变物理采煤为化学采煤。简便的采集方式意味着只须插一根管子在地下，低碳清洁的能源就可以顺畅地通往千家万户，意味着我们所钟爱的青山绿水将不再因煤炭的攫取而颜面尽失；安全的地面作业意味着人类将告别暗无天日的操劳，意味着每一个国家的管理者们不再为百万吨死亡率等让人悲痛的数字揪心裂肺；高效的利用率意味着由于技术原因所造成的浪费大大降低，意味着我们的子孙后代有更宽裕的时间去寻找新的能源。尽管存在诸如气体成分不稳定、地下反应难以控制等不足，尽管我们还有相当长的一段路程要走，但煤炭地下气化技术已然成为世界洁净煤技术的重要研究和发展方向。没有想不到，只有做不到。从发展的角度理解，人类历史何尝不是一部异想天开的历史。想想看，很多时候，我们所为之付出辛劳与努力的，不正是一个个异想天开的憧

地下煤炭气化模型

煤炭地下气化是将处于地下的煤炭进行有控制地燃烧，通过对煤的热作用及化学作用产生可燃气体的过程。煤炭地下气化技术不仅可以回收矿井遗弃的煤炭资源，而且还可以用于开采井工难以开采或开采经济性、安全性较差的薄煤层、深部煤层、"三下"压煤和高硫、高灰、高瓦斯煤层。地下气化煤气可作为燃气直接民用和发电，还可以用于提取纯氢或作为合成油、二甲醚、氨、甲醇的原料气。煤炭地下气化燃烧后的灰渣留在地下，采用充填技术，大大减少了地表下沉，无固体物质排放，因此煤炭地下气化减少了地面环境的破坏，这是其他洁净煤技术无法比拟的。因此，煤炭地下气化技术具有较好的经济效益和环境效益，大大提高了煤炭资源的利用率和利用水平。

费舍尔·F

德国燃料化学家。1923年与德国 H·托罗普施发表了利用由煤制成的水煤气高压催化合成醇、酮和酸等，并于1925年与托罗普施合作发明了用水煤气在常压下催化合成石油，以制取汽油、柴油、石油蜡等（即费托合成法），从而开创了自煤间接液化制取液体燃料的途径。1933年德国鲁尔化学公司将该法用于工业生产。第二次世界大战期间，德国用费托合成法生产了大量汽油，用于侵略战争。

费托蜡

又叫合成蜡，是碳氢基合成气或天然气合成的烷烃。可以应用到塑料加工、油墨和涂料以及胶黏剂的生产。

憬吗？

现在，接着我们中断了的话题，继续聊一聊低热值煤气到底有怎样不同凡响的远大志向，顺便把煤化工的另一项关键技术——煤的液化也一并介绍给大家。

1923年，德国的费舍尔和托普兹发现了一种将煤气转化为液体的技术。他们将一些碱性铁屑放置在一个坚固的容器中，并设置好了一定的温度和压力。然后向容器内注入煤气，使其中的一氧化碳和氢气在充满铁屑的封闭环境中发生反应，生成一种烃类化合物如乙烷、乙醇等与含氧化合物的混合液体。烃类化合物由碳原子与氢原子结合而成，是所有液体燃料最基本的成分。而当时他们所用煤气就是低热值煤气。因为这项技术是先将煤炭气化，而后再液化，所以叫作煤炭的间接液化。其合成产品石脑油可以制取乙烯，α-烯烃可以制取高级洗涤剂，也可以加工成汽油、柴油、航空煤油等优质发动机燃料。这一发现使纳粹德国称霸世界的野心急剧膨胀，终为战争所利用。尽管憎恨战争，但面对事实，我们不得不承认：战争的确是科技发展的一味催化剂。

二战结束后，科学家们在德国境内找到21座煤炭液化工厂。其中12座规模较小的仍在正常运营，另外9座，规模庞大却基本上已经废弃掉了。这个不同寻常的现象让他们十分疑惑。几经调查比对，科学家们吃惊地发

现，德国人不仅掌握了完全依赖煤气为原料的煤炭间接液化工艺，而且懂得更为先进的将煤炭直接液化的技术，并实现了工业化生产。资料记载，到 1944 年，德国煤炭直接液化工厂的油品生产能力已达到 423 万吨 / 年。直接液化意味着碳化和氢化。碳化过程其实就是煤的干馏。煤焦油脱硫后加氢气进行氢化，直接生成液体燃料，再进一步加工精制成汽油、柴油等燃料油。与直接液化比较，间接液化必需以大规模的煤炭气化为前提，设备体积巨大，投资和运行费用几乎是天文数字。不但转化率低，原煤消耗量极大——一般情况下，约 5 ~ 7 吨原煤才能生产 1 吨成品油，是直接液化的两倍，而且理论值高达 56.25% 的工艺废水直接导致了工厂周边环境的迅速恶化。间接液化的这些缺陷——高消耗、低产出、环境污染等，是德国人弃用那 9 座液化工厂的真正原因。需要说明的是，

费托合成工艺流程

1923 年由就职于 Kaiser Wilhelm 研究院的德国化学家 Franz Fischer 和 Hans Tropsch 开发，第二次世界大战期间投入大规模生产。费托合成的工艺流程主要包括煤气化、气体净化、变换和重整、合成和产品精制改质等部分。

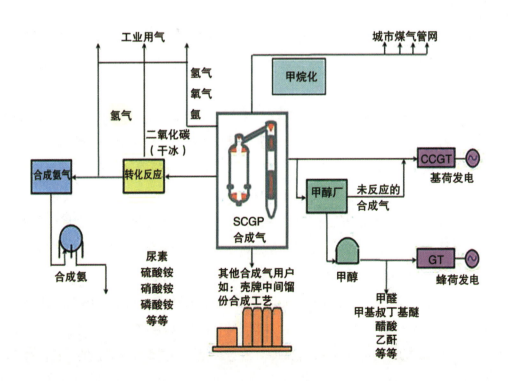

121

煤化工基地

煤炭直接液化技术的发现年份是 1913 年，比间接液化早了 10 年，而且发现者也是德国人。我们不会忘记德国人曾经给世界带来过深重灾难，同时，他们在煤炭液化方面所建立的伟大功勋，我们也不应当忘记。

中东地区大量廉价石油的开发标志着一个新时代的来临。19 世纪 50 年代，苛刻的生产条件使人们对煤炭液化渐渐失去兴趣。大量资本纷纷撤离，转而投向迅速崛起的石油工业。19 世纪 70 年代初期，借助一场世界范围内的石油危机，煤炭液化技术又开始活跃起来。日本、德国、美国等工业发达国家，在原有基础上对煤炭直接液化技术进行改造，相继开发出一批节约成本、简化流程的新工艺。虽然到目前，这些工业化的生产技术还没有在世界上得到应用，但我相信，地球上石油用罄之时，便是煤炭液化再铸辉煌之日。这一天并不遥远，也许一觉醒来，世界的改变已经不是你能够理解的了。

煤炭也有用完的时候，所有不可再生能源都有用完的时候。我们的生活态度决定着人类的未来。"一粥一饭，当思来之不易；半丝半缕，恒念物力维艰"。老祖宗早已告诫过我们应当以什么样的方式继续生活。我们毫不在意地抛洒一铲煤炭，我们的后代就有可能

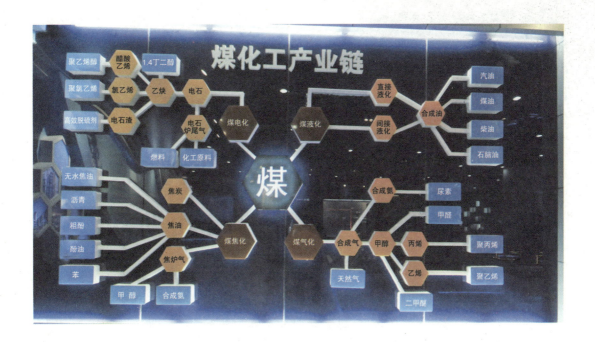

因缺少取暖的燃料而冻死在寒冷的冬夜；我们每污染一片土地，我们的后代因为缺乏裹腹之物而被饿死的数量就有可能成倍增长。

节约还是浪费，此时此刻，每一个活着的人必须有所取舍。

石油时代

九、天下大同　造化无私
——煤炭的资源储量和勘探

地球是一部
加着锁的大账本
开启这把锁的钥匙
唯有心甘情愿
人人求而可得

《星空》

忘记过去就意味着背叛。这句话在 20 世纪的中国风靡一时，现在听上去，与和谐宽容的倡导已经不大协调。不过，时常翻翻旧账，对于民族精神的提振，应当没有什么坏处。

许多本国的、外国的高人就民族精神的总结，您一定拜读过不少。像爱国、勤劳、勇敢、热爱和平、不屈不挠、自强不息等，这些甚至可以说是人类所共有的普遍属性，无一例外被每一个不同的族群理解为自家精神。是吗，人之所以为人，缺失了这其中哪一样，便不够完美。这样的话，与其虚虚怯怯地颂扬某一族精神之冠绝天下，真不如直接承认能够成为人类的一员是多么幸运来的坦坦荡荡。民族精神，照我不成熟的理解应该是民族文化。文化是融汇于骨髓的东西，一举手一投足皆决定着一个族群的特质。比方我们谈到绅士风度，自然会联想到英国人；说起严肃刻板，便换做德国人为代表；礼仪之邦嘛，当以非中国莫属。文化使然也。那什么是文化呢？

这真是个叫人头疼的问题。搜一搜互联网，光是文化的概念就有几百种不同版本，复不待说不论雅俗，任何词汇之后续加文化二字，即可响当当叫嚷出去，使其流行一阵子。文化之泛滥，单凭我一张嘴如何说得清。关乎人类的一切

文化

文化是一个非常广泛的概念，给它下一个严格和精确的定义是一件非常困难的事情。不少哲学家、社会学家、人类学家、历史学家和语言学家一直努力，试图从各自学科的角度来界定文化的概念。然而，迄今为止仍没有获得一个公认的、令人满意的定义。据统计，有关"文化"的各种不同的定义至少有二百多种。笼统地说，文化是一种社会现象，是人们长期创造形成的产物。同时又是一种历史现象，是社会历史的积淀物。上图为梵高的作品，左图为齐白石作品，它们虽同为风景，却分别代表不同的文化内涵。

精神的实质

精神是个哲学概念，指人的意识、思维活动和一般的心理状态。说白了就是人的思想以及思想指导下的行为表现。

均可称之为文化，这已成共识，因此滥用文化倒也没什么可指责的。文化和精神，打个比方，文化若是海，精神就是基于这海的巨浪。浪涛有起有伏，精神有生有灭，一如文化的扬弃，

完全取决于时代的好恶。今天我必须挑明，不管形势所迫还是时代要求，设想假若不改变实用主义的思维和手法，只这样各取所需地挑来拣去，到头来什么是精神什么是文化，终是一笔糊涂账。但精神是文化的灵魂，这话大抵不假。所以说提振精神，而不是提振文化，也是出于这种认识。

糊涂尽管糊涂，这账嘛，人人心里可是都存着一本。

距此不远，在 20 世纪，工于算计的潮汕客商在东南亚一带牛刀小试，为中国人赢得一顶褒贬不一、毁誉参半的大帽子，东方犹太人。因为众所周知的缘故，犹太人在西方社会的名声一向不大好。同时，他们在商业和科技领域取得的一个个惊人成就，也令世界不得不对他们刮目相看。中国人用于算计量体裁衣、计入而出等小账上的聪明，与

犹太人颇有几分神似，或许还更胜一筹。但一涉及民族利益、疆域领土等一类关系家国主权荣辱的大账，中国人的聪明才智便完全走样，似乎非忍辱不能标榜其大国风范。

其中表现最抢眼的，莫过于鸦片战争之后的清朝政府。它空前绝后的懦弱无能在每一个华夏子孙心中投下的痛的阴影，将永远挥之不去。

领土，国家行使主权的空间范围，并非一块土地那么简单。除了一定面积陆地所拥有的山川湖泽之外，它还包括周围的海洋，其上的天空，其下的矿藏。历来的战争，虽然有着种种不同的借口，但最终都要回归到领土这个严肃的要点上来。对于中国人，领土问题是个沉重的话题，不说也罢。

我们还是说煤炭吧，说说它的储量。

地球其实也是一部大账册。它公开公正，只要有能力，没有种族限制没有国别羁绊，任何人都可以查阅。其中能源篇中有一项记载：煤炭，14.3万亿吨。这是截至1989年，世界煤炭资源的总量。约占各种能源总储量90%的这14.3万亿吨煤炭，集中蕴藏于只占地球陆地面积15%的区域内，且大部分位于北半球。按国别，位列煤炭拥有量前三甲的是：美国、俄罗斯、中国。

比起美国人的豪阔，犹太人和中国人的小打小闹简直就是小巫见大巫，不足以道。美国人天生是做大生意的料。1776年7月4日，美利坚合众国宣告成立之日，它仅是一个

2014 年末世界煤炭储量国家分布 (百万吨)

国土面积只有 200 多万平方千米的中等国家。自从 1803 年 4 月 30 日，在和法国人的一宗土地买卖中尝到甜头之后，美国人疯狂购买土地的兴趣便一发不可收拾。短短不到 200 年的时间里，它先后与西班牙、墨西哥、英国、俄罗斯完成了多宗土地交易。至 1959 年，夏威夷正式成为其第 50 个州的时候，美国的领土猛增了将近 4 倍，达到空前的 962.9 万平方千米。在它拥有的 50 个州中，有 38 个发现了煤炭。其中煤炭储量极为丰富的科罗拉多州，就是在 1848 年美墨战争后，从墨西哥人手中买来的。生意嘛，有买有卖才见得公平。但美国人从来就是将土地列在非卖品名单中的，可以作为商品交换的仅限于别人家的地块。美国人采用这种只进不出、稳赚不赔的交易手段，迅速成为仅次于俄罗斯、加拿大、中国的世界第四大国，并且以 2466 亿吨的探明储量坐上了世界煤炭大国的头把交椅。美国人的聪明

路易斯安那州

1803 年 4 月 30 日，美国和法国签订了《路易斯安那购地案》，美国以 1500 万美元购得 2144476 平方千米土地，相当于今日美国国土面积的 22.3%，与当时美国原有国土面积大致相当，使得美国领土大幅向西扩张。

是大聪明，他们算大账的能力可不是一般只会打小算盘的人能够学得来的。

　　中国的近邻俄罗斯人会不会算大账我不大清楚，但他们不谙小账，却是全世界都知道的事。他们的不谙小账，我个人认为大概是他们较为粗糙的人性所致。粗糙的人性自然与所处的环境有很大关系。所以，俄罗斯人在抵御漫长严冬的过程中，总结出一条大砍大杀的生存之道便顺理成章，不足为怪了。和美国人一样，俄罗斯人对土地有着强烈的占有欲。不同的是获取土地的手段，美国人拿钱买，俄罗斯人则靠抢。俄罗斯的对外扩张，是从第一任沙皇——素有"雷帝"之称的伊凡四世瓦西里耶维奇（1530 年 8 月 25 日～1584 年 3 月 18 日）开始的。他的两位杰出的继任者，彼得大帝和叶卡捷琳娜二世更是把其贪婪发挥到了极致。18 世纪中晚期，在对土耳其的两次战争中，俄罗斯打通了黑海口，侵占克里克里木半岛在内的黑海北岸广大地区。三次瓜分波兰，贪婪的北极熊共分得 46 万多平方千米的土地。侵占立陶宛、白俄罗斯和西乌克兰的大部分土地之后，俄国版图扩大了 67 万平方千米。早在 17 世纪，俄国已积极向远东扩张，不断挑起与中国的冲突。他们或强夺或欺骗，加上其策动的蒙古独立，明里暗里从中国割取的土地多至 588 万平方千米，相当于现在中国陆地面积的三分之二。在俄罗斯 1707.54 万平方千米的土地下面，已知的煤炭储量是 1570 亿吨，位列世界第二。实际上远不止这些，而且 3/4 以上集中分布于亚

阿巴拉契亚煤田

阿巴拉契亚煤田是世界煤炭产量最多的地区，位于美国东部的阿巴拉契亚山地及其西侧的阿巴拉契亚高原。面积18万平方千米、地质总储量3107亿吨，探明储量1013亿吨，其中炼焦煤炭探明储量163亿吨，占美国的92%。地质条件优异，99%的煤层是水平或近水平煤层，煤层平均厚1.7米，煤质坚硬，瓦斯含量少，灰分低。右是美国所有主要煤矿的示意图。单单从这幅图判断，阿巴拉契亚是这个国家煤炭中心。

洲部分的远东地区。该地区已探明的煤炭储量只有200亿吨，但尚需进一步勘探的预测储量却高达3547亿吨，是俄罗斯全境现知储量的2倍。远东地区，千里冰封，万里雪飘，令我们耿耿于怀的那份壮美曾经属于中国。这笔账，列位应当记好，一丝不苟地完完整整地记好。

回溯历史，中国版图最大的时期在元代。这个由蒙古

库兹巴斯煤田

俄罗斯最大的煤炭生产基地，位于西西伯利亚东南部库兹涅茨克山同萨莱尔岭之间。煤田面积为2.67万平方千米。1800米深度内地质储量达6430亿吨，炼焦煤探明储量324.8亿吨。

叶卡捷琳娜二世

在俄国历史上，叶卡捷琳娜女皇与彼得大帝齐名，这位俄国女皇，原为德意志一公爵之女，1745年嫁给俄皇彼得三世·费奥多罗维奇。1762年6月28日，叶卡捷琳娜二世在宫廷政变中废黜彼得三世，并登上皇位。她对外两次同土耳其作战，三次参加瓜分波兰，把克里木汗国并入俄国，打通黑海出海口，她建立了人类历史上空前绝后的俄罗斯帝国。她的政绩卓越，一段段令人目不暇接的情史更成为一代代史学家津津乐道的话题。

族建立的中原王朝的名声，纵然较沙皇俄国好不到哪去，但它梦幻般依稀漫妙的辉煌和强大总能叫中国人的精神为之一振。到清康熙前期，中国的土地保有量仍够让我们聊以自慰。但好景不长，就是这个号称千古一帝的康熙老儿，不知搭错了哪根筋，在他执掌朝政第 27 年的某一天——确切的时间应该是 1689 年 9 月 7 日，派人到中俄边界一个叫尼布楚的小镇，以一纸文书，就将兴安岭及额尔古纳河以西约 25 万平方千米国土拱手让给了俄国。清帝国的衰败从此一泻千里。他的儿子雍正，他的孙子乾隆，他的孙子的孙子道光、咸丰、同治、光绪，争先效仿，个个以割让土地为能事，致使中国的领土快速缩水。让人心痛的

元朝疆域图

元代是中国历史上疆域最大的朝代，国土总面积约 1200 万平方千米，仅岭北行省就基本含盖了今天俄罗斯的远东地区。中国在全盛时期也无扩张的欲望，如果想扩张，正像著名的波兰裔美国国际关系学者、地缘战略家、国务活动家、外交家布热津斯基博士所言；也不会有任何其他大国能够抵挡住中国的进攻。

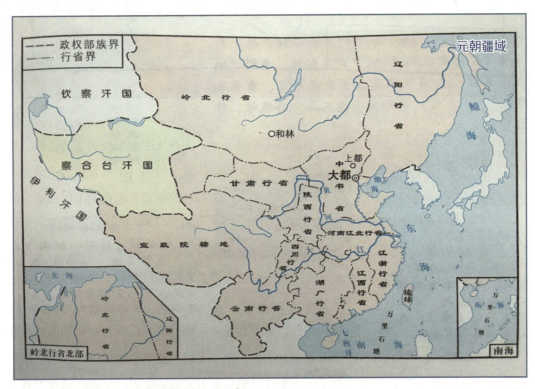

引自《七年级历史》，人民教育出版社，2011 版

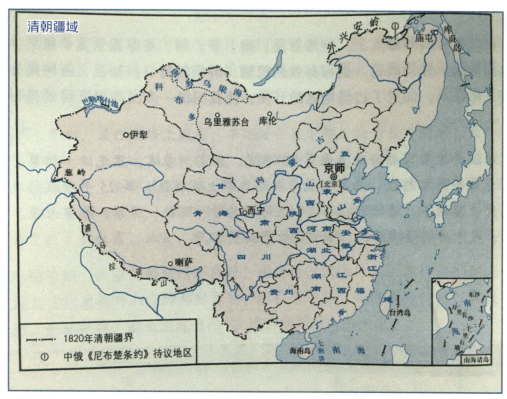

清朝疆域

1820年清朝疆界
中俄《尼布楚条约》待议地区

引自《七年级历史》，人民教育出版社，2011版

清前期疆域图

《尼布楚条约》是大清帝国和俄罗斯之间签定的第一份边界条约，也是中国和其他国家签定的第一份正式条约，于1689年9月7日（康熙二十八年七月十四日）正式签定。在该条约中，中方做出了重大让步，同意将额尔古纳河和格尔必齐河以西、包括尼布楚在内的中国领土让给了俄国。这是中国领土丧失的开始。

当然不只是丢失的土地，还有依附于土地的各种资源。假若没有这些个贵为国君的败家行为，中国管辖的土地绝不止960万平方千米，所拥有的煤炭资源也绝不仅仅是世界排名第三的1145亿吨。记得一位兼修易经神算的历史老师跟我们讲过，中国原先的版图轮廓像一片桑叶，难免勾起蚁虫的食欲，被蚕食成鸡的形状后，如蚁如虫的侵略者们便纷纷逃窜，再没敢来。我倒宁愿这贴满宿命论标签的精神膏药，真的能治愈中国的创痛，而且对他国他族一样疗效显著。这样，中国人就再也不必为掩饰内心的怯懦而故意做出吃亏是福、宽宏大量的姿态，至少在精神上真正

《中俄瑷珲条约》签约场景

拍摄于瑷珲历史陈列馆

不落下风。旧事重提，特别是重提屈辱的旧事，常常能起到激励民族复仇心理的功效。

中国丧失的北方领土

中国历史上被俄罗斯掠夺的和强占的领土，加上蒙古独立，共计 588 万平方千米，相当于现在中国陆地面积的三分之二。

俄罗斯侵占中国领土一览表

序号	时间	失土面积	地理位置
1	1689 年 9 月 7 日（康熙）	25 万平方千米	兴安岭及额尔古纳河以西
2	1727 年 10 月 21 日（雍正）	10 万平方千米	贝加尔湖之南及西南
3	1790 年（乾隆）	10 万平方千米	库页岛
4	1840 年（道光）	100 万平方千米	哈萨克
5	1840 年（道光）	10 万平方千米	布鲁特
6	1858 年 5 月 28 日（咸丰）	46 万平方千米	混同江西，黑龙江北，外兴安岭南
7	1860 年 11 月 14 日（咸丰）	43 万平方千米	混同江及乌苏里江以东兴凯湖附近
8	1864 年（同治）	43 万平方千米	自沙渍达巴哈至葱岭
9	1868 年（同治）	100 万平方千米	布哈尔汗国
10	1876 年（光绪）	35 万平方千米	浩罕国
11	1881 年（光绪）	2 万平方千米	那抹哈勒克山口至伊犁西北喀尔达
12	1883 年（光绪）	2 万平方千米	额尔齐斯河及斋桑泊附近
13	1895 年（光绪）	1 万余平方千米	新疆省以西帕米尔地区
14	1921 年（民国）	17 万平方千米	唐努乌梁海
15	1945 年（民国）	144 万平方千米	外蒙古

虽嫌小肚鸡肠，但我还是要说：其他什么事都可以不计较，只有国土问题绝不能不计较。那位风水历史老师的话兴许是蒙对了，新中国建立之后，我们的确再没有丢掉过一寸土地，生活在当下的中国人也确实较以往自信很多。

归属美国、俄罗斯、中国的煤炭合占全球煤炭储量的一半以上，其余散布各地。中国之后，依次是印度、澳大利亚、南非、乌克兰等国。煤炭储量的排名座次实际上只是个大概，并没有什么了不得的现实意义。

煤炭成于远古，存在地下，是天公早设计好了的，没有特殊情况，数量上不会有多大出入。有出入的是人类的认知水准和科学技术。化未知为可知，变不能为可能，是技术进步给这个世界带来的最直观的成果。将来的某一天，人类可能会开发出一项技术，把天上地下一切的未解之谜一览无余地呈现在我们眼前。在此之前，所有过去的、现在的地质勘探技术获取的煤炭储量的相关数据都是不甚准确的。就算听上去蛮有把握的探明储量——即我们实际了解、掌握的煤炭资源量，无非也是个大概齐。而未经任何调查或仅依据一般地质条件预测得出的储量，比方俄罗斯远东地区的那3547亿吨煤炭，就更不知道与实际情形相差几许了。这里面的缘故，在下面介绍找矿技术的过程中，大家会慢慢明白。

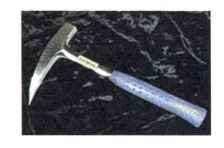

每种矿产的形

成，都有一定的地质构造环境与之相宜。把这一自然机制编成文字，差不多就是一方水土养一方人的意思。好比想吃鸡蛋，就应该到鸡窝去找，若要求凰引凤，非得栽下梧桐不可。如果你经验足够老道，只需山上山下走上一遭，地下有没有矿产、有哪一种矿产就能知道个八九不离十，比单纯的游山逛水有趣得多，而且无须掏进山费。这项观光似的工作，业界称之为区域地质调查，非专业人士不能完成。其中的辛苦，顶风冒雨、跋山涉水自是家常便饭，

野外地质调查

他们是蓝天白云下的骑士，带着一种浪漫而又富有诗意的情愫，在荒原野漠、万山峻岭间，借天当被地当床，于秋日的静穆中，倾听山谷孤寂的鸣响，将遮盖地球的黑色帷幕掀开一角。

单单多少时日不得回家的难言之隐，当真就不是闹着玩的。想当年，"有女不嫁地质郎，三年五载守空房。"这句在闺蜜间广为流传颇具警告意味的俗谚，让多少莘莘学子视地质为畏途。一位大学教授曾说地质工作就是以科学的态度游山水，我也觉得地质是世界上最有意思的学科之一。在崇尚自然的今天，地质工作尤显得得天独厚。别的不论，时时有青山绿水相伴左右，起码要比长期处于闹市中的人少吸几口废气。

区域地质调查的成果是不同比例尺的地质填图——即按一定的比例尺及相应的技术要求，将各种地质体及有关地质现象填绘于地理底图之上而形成的地质图，和按一定格式以文字、图件、影像、表格等形式记录下来的地质编录。有了这两项一手资料做基础，接下来的矿产普查工作便可按部就班地跟进。矿产普查，又称普查找矿，简称找矿。其主要任

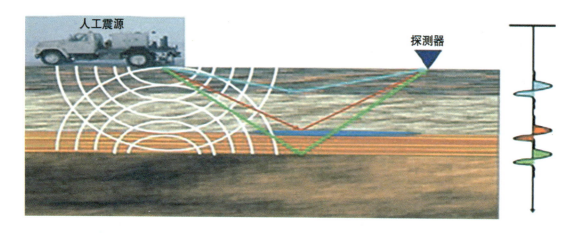

人工震源

探测器

地震勘探原理示意图

地表以人工方法激发的地震波在向地下传播时，遇到介质性质不同的岩层分界面，地震波将发生反射与折射，在地表或井中用检波器接收这种地震波。收到的地震波信号与震源特性、检波点的位置、地震波经过的地下岩层的性质和结构有关。通过对地震波记录进行处理和解释，可以推断地下岩层的性质和形态。地震勘探的深度一般从数十米到数十千米。

务是在筛选出的远景区域进行寻找和评价矿床，为进一步的矿床勘探工作提供资料依据。渐进分为预查、普查、详查和勘探四个阶段。普查确认有进一步工作的价值之后，自然转入详查。这个不难理解。明知此地无水，若仍执着地大掘其土，那就是干傻事了。

进入详查阶段，用得上各种手段，比如地球物理探矿、地球化学探矿、砾石追索法、重砂地质测量、遥感地质和探槽、浅井、钻探、坑探等勘查技术。下面，我挑选其中两样较为先进有趣的，简要说明一下。

地震勘探，顾名思义，就是利用地震波探矿。一切天

地动仪

张衡的地动仪只是记录了地震的大致方向，而非记录地震波，所以相当于是验震器，而非真正意义上的地震仪。但这项发明开创了人类使用科学仪器测报地震的历史。它和国外类似的地震仪相比，早了1千多年。

灾中，无论从哪方面讲，所造成的危害还是发生的频次，地震均首屈一指，令人为之色变。如果你进一步获悉全球每年有五百五十万次的地震发生，就会明白"我

们的星球颤动不已"绝非虚言。虽然怀揣物尽其用的伟大理想，但地震来临，我们只能任其摇山动地而无可奈何，因为我们根本拿捏不准它究竟会在何时光顾、何地发威。所以，人类尽管利用地震波解开了地球构造之谜，将地壳、地幔、地核准确地加以分割，却不能有效地利用它来探矿。探矿工作中的地震波源自人工，即在地表某处人为地制造震动。方法几乎没有限制，而且不比往水里投掷一块石子更复杂，假使你对自己的强健充满自信，在选定之处跺上几脚也未尝不可。不过，为达到预期效果，采用最多的仍是爆炸激发的方式。人造地震波与自然地震波没有两样，它由发生点向地下传播，遇到不同弹性的地层分界面便以反射或折射的形式返回地面。它们的传播时间、振动形状等特点被专门的仪器记录下来之后，再通过专业的计算或仪器处理，就能较为准确地测定这些界面的深度、形态，进而确定地层的岩性。地震勘探早期主要用于勘探含油气构造甚至直接寻找石油，后来扩展至勘探煤田、盐岩矿床、个别的层状金属矿床以及解决水文地质、工程地质等问题，成为近代发展变化最快的地球物理方法之一。

中国著名的古典神魔小说《封神榜》中有两个妖精，

数字地震仪

由地震仪记录下来的震动是一条具有不同起伏幅度的曲线，称为地震谱。曲线起伏幅度与地震波引起地面振动的振幅相应，它标志着地震的强烈程度。从地震谱可以清楚地辨别出各类震波的效应。地震仪只能用于测量地震的强度、方向，并不能用于预测地震。

迈克尔·法拉第

英国物理学家、化学家，也是著名的自学成才的科学家，发电机和电动机的发明者。1831法拉第发现第一块磁铁穿过一个闭合线路时，线路内就会有电流产生，这个效应叫电磁感应。一般认为法拉第的电磁感应定律是他的一项最伟大的贡献。

电磁波

从科学的角度来说，电磁波是能量的一种，凡是高于绝对零度的物体，都会释出电磁波。且温度越高，放出的电磁波波长就越短。电磁辐射可以按照频率分类，从低频率到高频率，包括有无线电波、微波、红外线、可见光、紫外线、X射线和伽马射线等。电磁波不需要依靠介质传播，各种电磁波在真空中速率固定，速度为光速。

电磁场

一种由带电物体产生的一种物理场。处于电磁场的带电物体会感受到电磁场的作用力。磁场会使人体产生严重的危害性病变和思维的延续变化。如果人类长期生活在强磁场范围内，会导致内分泌紊乱失调，大脑也会产生不正常的延续思维，会诱发人体的某些潜能和特殊的功能变化，也会诱发癌症。在大都市中，由电网和通讯网络产生的不同频段的电磁波辐射，已经给人类带来了诸多不利因素。

一个叫高明，一个叫高觉。高明眼观千里，人称千里眼；高觉耳听八方，故名顺风耳。又有一个叫杨任的，据说是二郎神杨戬的哥哥，眼中有手，手中生眼，目视入地三尺。这三人最拿手的本领是远距离收集情报，即不与目标直接接触而获取有关目标的信息。英语Remote Sensing也是这个意思，译成汉语就是"遥远的感知"，一种以电磁波为媒介的探测技术，简称遥感。遥感技术用于地质，是20世纪60年代以后的事。地质科学家们利用飞机、火箭、人造卫星、宇宙飞船等运载工具上的各种传感仪器，从空中捕获各种地质体反射或发射的电磁波，结合其他各种地质资料显示的地质信息，以分析、判断一定地区内的地质构造情况，从而达到识别矿物、圈定成矿远景区、提出预测区和勘探靶区的目的。

这就是遥感地质，又称地质遥感。这种方法站得高、看得远，基本上不受地面障碍的限制，可以在短时期内快速、

连续、反复地进行观测，优势非常明显。所获取的遥感图像相当于一定比例尺缩小了的地面立体模型，不仅覆盖面积大，而且各种地物的特征及其空间组合关系一目了然。事无万全。由于遥感研究的对象——从空中垂直向下拍摄的地表多波段图像，只能提供由影像可能提供的那部分地质信息，所以从图像上是不可能获取通过野外实地观察研究、取样化验鉴定才能取得的那部分地质资料。这是遥感地质不能如人意之处。

继煤田普查之后，即将展开对煤炭矿床的工业评价，以进一步摸清标靶区域内煤炭的储量、质量及空间分布等更为详细的情况，目的是为将来的矿山设计、建设做好准备。一般划分为预查、普查、详查和勘探四个阶段，统称煤田勘探。

煤田勘探阶段的划分有时并无明显界线，且有一种用器械由地表向地下钻孔的方法贯穿始终，视情况，钻孔的布置可疏可密，深度也有浅有深。诸位大概已经猜出来了，不错，这项技术就叫钻探，一项古老的技术。据说它的发明者是中国人。20世纪80年代，在加拿大的温哥华举行了一次世界钻探技术会议。俄罗斯的专家说钻井技术是俄国人的发明，有200多年的历史；美国专家说，他们国家钻井技术有300年，应该是美国人发明的。这

遥感技术

遥感技术是由遥感器、遥感平台、信息传输设备、接收装置以及图像处理设备等组成。遥感器装在遥感平台上，它是遥感系统的重要设备，它可以是照相机、多光谱扫描仪、微波辐射计或合成孔径雷达等。目前利用人造卫星每隔18天就可送回一套全球的图像资料。利用遥感技术，可以高速度、高质量地测绘地图。

时候，一个中国专家站起来说，在我们国家，钻井技术有1000多年的历史。这位专家当然不是为了赢得一时的面子而信口一说，他的依据可以追溯至900多年前的1041年。

那是北宋庆历年间，四川大英县一个叫大顺灶的偏僻小村庄，村民们为了逃避朝廷严禁私自采盐的法律制裁，打算挖一口不容易被发现的小盐井。他们采用了人类历史上最早的钻头——两米多长、八十多斤重的圜刃，利用舂米的方法，以足踏为动力，开出了只有碗口大小的井口。清除井内碎石和泥土的工具叫扇泥筒，就是把一根竹子中间的节全部打掉，在底部留一个小孔，小孔上面固定一块熟的牛皮。扇泥筒放到井底的时候，液体产生一个向上的压力，把皮线顶开，泥浆和地下水就进入到竹筒里面。液体自然重力产生的向下压力关闭牛皮，从而可以滴水不漏地将竹筒提起。实际上，他们无意间发明了世界上最早的单向阀门。竹筒拉到地面以后，用一个铁钩把牛皮顶开，释放出其中的泥浆碎石。

时至今日，各种高科技钻机已将钻井的深度提高至万米以上，而其遵循的原理千年未变，目的也无非是从钻孔中不同深度处取得岩心、矿样进行分析研究，以鉴别查明矿体或划分地层，判定地层地质情况，只不过结

地质钻探

地质钻探是从钻孔中不同深度处取得岩心、矿样进行分析研究、鉴别查明矿体或划分地层、判定地层地质情况的作业。通常地质找矿中钻探的费用至少要占到40%以上。钻孔直径小（46～91毫米），按矿种的不同，深度从几十米到几千米。

岩 心

使用环状岩心钻头及其他取心工具，从孔内取出的圆柱状岩石样品。岩心是了解地下地层和含矿特征最直观、最实际的资料。

论更为精确可信一些而已。

地球这部大账本，人人有权查阅，只是并非人人都有查阅的能力，它是一部加着锁的账本。开启这把锁的钥匙——地质学，唯有心甘情愿，人人求而可得。《黄帝内经》说"与天地相应，与四时相副，人参天地"。歌德认为："人类全都在自然之中，自然也在一切人类之中。"这些不同语言反映出的那种人与自然的和谐，与地质工作的栉风沐雨、仰天俯地何其相像。

科学无国界。

古代钻井图

在古代钻井科学技术史上，有记载的、最早的钻井活动要追溯到公元前3世纪。最初是使用一种绳式顿钻技术，用绳吊着金属钻具，依靠它下落时产生的重力向下掘进，然后用一种管状容器收集提出的岩石碎片。古代开凿深井，主要用于开采井盐卤水，称盐井；后来发展到开采天然气，称火井。

桌上的地球

地球的秘密唯有心者得之。

十、开启方便之门
——煤炭的分类和质量

万事万物的存在、变化

都遵循着特定法则

人类发现并掌握这些法则

就是希望

能够善加利用

太极图

宇宙无限大，所以称为太极，但是宇宙又是有形的，即有实质的内容。按易学的观点，有形的东西来自于无形，所以无极而太极。太极这个实体是健运不息的，即宇宙在运动，动则产生阳气，动到一定程度，便出现相对静止，静则产生阴气，如此一动一静，阴阳之气互为其根，运转于无穷。自然界也是如此，阴阳寒暑，四时的生长化收藏，即万物的生长规律，无不包含阴阳五行。就人部阴阳而言，"乾道成男，坤道成女"，阴阳交合，则化生万物，万物按此规律生生不已，故变化无穷。

"格物致知"是中国古代儒家思想体系中的一个重要概念，源于《大学》的八目——格物、致知、诚意、正心、修身、齐家、治国、平天下，意思是推究事物的原理法则从而获得知识。格物是学习探究的过程，致知则是结果。

北宋有一个叫文与可的，他画的竹子远近闻名，每天总有不少人登门求画。文与可在自己家的房前屋后种上各种各样的竹子，无论春夏秋冬，阴晴风雨，他经常去竹林观察竹子的生长变化情况，琢磨竹枝的长短粗细，叶子的形态、颜色，有新的感受就回到书房，把心中的印象画在纸上。竹子的各种形象都深深地印在他的心中。所以每次画竹，他都显得非常从容，画出的竹子，无不逼真传神。当人们夸奖他的画时，他总说："我只是把心中琢磨成熟的竹子画下来罢了。"这个典故告诉我们，在格物普遍流于表面的古代，若想达到杰出的高度，也非得下一番苦功不可。

　　了解煤炭比了解竹子要难得多。且不说积累现有的煤炭知识，自古而今耗费了多少人的心血，单是煤炭知识本身，其浩繁的内容就不是我们能够在短时间内掌握得了的。所以，我只选择几个与煤炭分类关系密切的指标性概念以及中国煤炭的种类，简单地说一说。

　　中国煤炭分类与国际标准略有不同，但二者依据的指标基本一致。煤化程度——即煤的变质程度，是煤炭分类工作首先要弄清的问题。决定煤化程度的指标有水分、挥

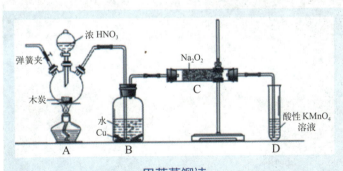

甲苯蒸馏法

把不溶于水的有机溶剂和样品放入蒸馏式水分测定装置中加热，试样中的水分与溶剂蒸汽一起蒸发，把这样的蒸汽在冷凝管中冷凝，由水分的容量而得到样品的水分含量。

司马迁

　　司马迁（公元前145年～公元前90年），夏阳（今陕西韩城南）人。中国西汉伟大的史学家、文学家、思想家。司马谈之子，任太史令，因替李陵败降之事辩解而受宫刑，后任中书令。发奋继续完成所著史籍，被后世尊称为史迁、太史公、历史之父。司马迁早年受学于孔安国、董仲舒，漫游各地，了解风俗，采集传闻。初任郎中，奉使西南。元封三年（前108）任太史令，继承父业，著述历史。他以其"究天人之际，通古今之变，成一家之言"的史识创作了中国第一部纪传体通史《史记》（原名《太史公书》）。被公认为是中国史书的典范，该书记载了从上古传说中的黄帝时期，到汉武帝元狩元年，长达3000多年的历史，是"二十五史"之首，被鲁迅誉为"史家之绝唱，无韵之离骚"。其《礼记·大学》："欲正其心者先诚其意，欲诚其意者先致其知，致知在格物。"

挥发分测定坩埚

煤样在规定条件下隔绝空气加热，煤中的有机物质受热分解出一部分分子量较小的液态（此时为蒸汽状态）折叠和气态产物，这些产物称为挥发物。挥发物占煤样质量的分数称为挥发分产率或简称为挥发分。

石墨烯

石墨烯是一种由碳原子以 sp2 杂化轨道组成六角型呈蜂巢晶格的平面薄膜，只有一个碳原子厚度的二维材料。石墨烯既是最薄的材料，也是最强韧的材料，断裂强度比最好的钢材还要高 200 倍。同时它又有很好的弹性，拉伸幅度能达到自身尺寸的 20%。它是目前自然界最薄、强度最高的材料，如果用一块面积 1 平方米的石墨烯做成吊床，本身重量不足 1 毫克的石墨烯可以承受一只一千克的猫。石墨烯目前最有潜力的应用是成为硅的替代品，制造超微型晶体管，用来生产未来的超级计算机。用石墨烯取代硅，计算机处理器的运行速度将会快数百倍。

发分、碳含量、氢含量等，其中尤以挥发分最为重要。我们已经知道，煤炭是一种由远古植物形成的化石燃料。那么构成成煤植物有机质的主要元素——碳、氢、氧、氮、硫等，与死亡的植物共同经历倒伏、掩埋、压紧、变质等一系列事件之后，大部分保留下来，自然构成了煤炭的有机组分。

在变质持续加深的过程中，尽管活跃的氢和氧不断流失，但仍然与拘守其间的相对含量越来越高的碳——业界称之为固定碳，通同一气，联合占据煤炭中有机成分的 95% 以上。它们的作用，和构建植物体的时候不尽相同。碳和氢帮助煤炭在燃烧时散发热量，氧则是尽可能地协助炭火更加旺盛。而挥发分，就是保留于煤炭中的有机物质燃烧时所产生的气体，通常以挥发分产率即 Vdaf 表示。触类旁通，聪明的你大概已经明白了八九分：随着煤化程度递增，挥发分一定呈递减的趋势。没错，就是这么一回事。

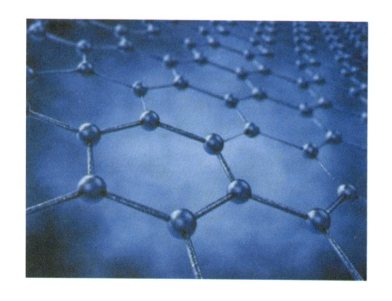

对于你的揣度，即使是最权威的学者也挑不出一点毛病，因为这也是他们通过严谨的实验证明了的规律。所以按煤化程度分类煤炭，实际上是以挥发分为标准的。一般来讲，Vdaf 小于 10% 的归类于无烟煤；Vdaf 处于 10% ~ 37% 之间的统称为烟煤；若 Vdaf 大于 37%，就是褐煤。由褐煤而烟煤而无烟煤，固定碳所占比例逐渐增加。也就是说，无烟煤的煤化程度最高，烟煤次之，褐煤最低。

褐 煤

褐煤，又名柴煤（英文：Lignite (coal)；brown coal；wood coal)，是煤化程度最低的矿产煤。一种介于泥炭与沥青煤之间的棕黑色、无光泽的低级煤。化学反应性强，在空气中容易风化，不易储存和远运，燃烧时对空气污染严重。

煤炭大类表

类别	符号	分类指标	
		Vdaf%	P_M%
无烟煤	WY	<=10.0	—
烟煤	YM	>10.0 ~ 37.0	—
褐煤	HM	>37.0	<=50

"人心不同，各如其面"，煤炭也是如此。不同种类的煤炭，其内在的差异自然要在外表上反映出来。褐煤，得名于它本身的颜色，光泽黯淡，质地疏松，剖面上可以清楚地看出原来木质的痕迹。在中国南方的矿井中，经常能挖到一些枯枝朽木似的东西，那就是褐煤，很容易辨认。假使你坚持信任自己的眼睛，仍把它视为木头而不是煤炭，不妨划根火柴试上一试。你会发现，这些烂木

燃烧的烟煤

烟 煤

烟煤是一种相对软的煤，包含类似焦油的沥青物质。质量优于褐煤但低于无烟煤。一般为褐色，有的为暗褐色，经常有亮－暗相间的材质。燃烧时火焰长而多烟，故得名。

兰花炭

兰花炭是煤的一种，素有"白煤"、"香煤"、"兰花炭"之称。兰花炭是无烟煤，因燃烧时焰色像兰花，故名兰花炭。兰花炭油光锃亮，较轻，没有沉重感，拿在手里轻轻摩挲也不会把手弄黑。山西晋城所产的无烟煤不但供应上海、江苏等全国半数以上的省、市，而且远销日本、法国、比利时、荷兰等国，还曾被英国皇室选为壁炉专用煤。

煤焦化工业园区

工业园区是一个国家或区域的政府根据自身经济发展的内在要求，通过行政手段划出一块区域，聚集各种生产要素，在一定空间范围内进行科学整合，提高工业化的集约强度，突出产业特色，优化功能布局，使之成为适应市场竞争和产业升级的现代化产业分工协作生产区。

头一样的东西很快着了火，而且顷刻间火焰便腾起老高。弥漫的黑烟包围着，你的见识再丰富，恐怕也想不起有哪种木头燃烧时能有这番光景吧。那刺鼻的熟悉的味道，倒是令你产生一种似曾相识的感觉：小时候妈妈烧煤做饭，炉膛里冒出来的不正是这个味道吗？烟煤之所以叫烟煤，是因为它燃烧时也会释放大量的烟霭，但其外观与褐煤全然不同：黑色，具沥青光泽至金刚光泽，条带状结构，质地细致。单凭这外表，想要以同样的法子——划几根火柴就把它点燃，几乎不大可能，尽管它的燃点也不是很高。燃点最高的是无烟煤。无烟嘛，自然是燃烧时干干净净，

煤炭分类总表

类别	缩写	分类指标					
		Vdaf%	G_R.I	Ymm	b%	P_M%	Qgr, maf
无烟煤	WY	≤10					
贫煤	PM	>10.0 ~ 20.0	≤5				
贫瘦煤	PS	>10.0 ~ 20.0	>5 ~ 20				
瘦煤	SM	>10.0 ~ 20.0	>20 ~ 65				
焦煤	JM	>20.0 ~ 28.0>10.0 ~ 28.0	>50 ~ 65>65	≤25.0	(≤150)		
肥煤	FM	>10.0 ~ 37.0	(>85) ①	>25	①		
1/3 焦煤	1/3JM	>28.0 ~ 37.0	>65 ①	<25.0	(<220)		
气肥煤	QF	>37.0	(>85) ①	>25.0	>220		
气煤	QM	>28 ~ 37>37	>50 ~ 65>35	<25.0	(<220)		
1/2 中黏煤	1/2ZN	>20.0 ~ 37.0	>30 ~ 50				
弱黏煤	RN	>20.0 ~ 37.0	>5 ~ 30				
不黏煤	BN	>20.0 ~ 37.0	≤5				
长焰煤	CY	>37.0	≤5 ~ 35			>50	>24
褐煤	HM	>37>37				≤30>30 ~ 50	≤24

注：a. G>85, 再用 Y 值或 b 值来区分肥煤、气肥煤与其他煤炭，当 Y>25.0mm 时，应划分为肥煤或气肥煤，如 Y<=25mm, 则根据其 Vdaf 的大小而划分为相应的其他煤类。

按 b 值分类时，Vdaf<=28%, 暂定 b>150% 的为肥煤，Vdaf>28%, 暂定 b>220% 的为肥煤或气肥煤，如按 b 值和 Y 值划分的类别有矛盾时，以 Y 值划分的为准。

b. Vdaf>37%,G<=5 的煤，再以透光率 PM 来区分其为长焰煤或褐煤。

c. Vdaf>37%，PM>30% ~ 50% 的煤，再测 Qgr,maf，如其值 >24MJ/kg(5739cal/g)，应划分为长焰煤。

不会产生讨人厌的黑烟。虽然无烟煤同样也呈现出煤炭标志性的黑色，但黑得纯正，黑得漂亮。坚硬紧密的质地让它神采奕奕，焕发着金属般的光泽，甚至用油脂擦拭把玩也不会弄脏手指。山西晋城的一家煤矿，把他们生产的无烟煤归置得四四方方整整齐齐，通体乌黑地陈放在精美的包装盒里，漂洋过海，出口至英国皇室的壁炉里。因为添加了特殊的香料，这种精心打扮过的无烟煤，一经点燃，立刻清香四溢，蓝色的火苗显得异常高贵典雅。他们称它为"兰花炭"。

儒家"格物致知"的最终目的是为了平天下，所以提倡"学而优则仕"。文与可潜心于竹子，大概是为了混口饭吃，也是学以致用的蓝本典范。分类煤炭当然不是无用的屠龙之术，更好更精细地利用煤炭是其初衷。但要达到更好更精细的要求，以上褐煤、烟煤、无烟煤粗针大线的煤炭分类还嫌粗糙了些。因此，根据需要，许多国家在人类肉眼能够清晰辨识三大煤炭种类的基础上，又另外设定名目，将其细分。

细分烟煤是中国煤炭分类工作的重要环节。首先按挥发分 >10% ～ 20%、>20% ～ 28%、28% ～ 37% 和 >37% 的四个阶段，将其分为低、中、中高及高挥发分烟煤。然后引入一个新指标——黏结性，即煤炭快速加热成焦以及焦块抵抗破坏的能力，以黏结指数 G 再次区分：G 值 0 ～ 5 为不黏结煤；>5 ～ 20 为微黏结煤；>20 ～ 50 为弱黏结煤；>50 ～ 65 为中等黏结煤；>80 则为强黏

煤焦化

煤焦化又称煤炭高温干馏。以煤为原料，在隔绝空气条件下，加热到 950℃左右，经高温干馏生产焦炭，同时获得煤气、煤焦油并回收其他化工产品的一种煤转化工艺。

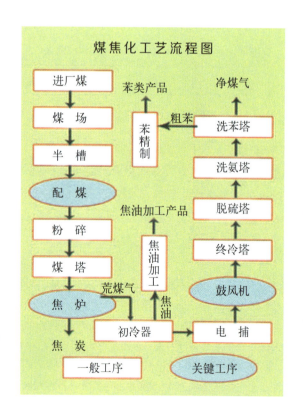

煤焦化工艺流程图

结煤。把挥发分和黏结性两项参数叠加比较，烟煤就被进一步区分为贫煤、贫瘦煤、瘦煤、焦煤、肥煤、1/3 焦煤、气肥煤、气煤、1/2 中黏煤、弱黏煤、不黏煤和长焰煤 12 个品类。加上褐煤和无烟煤，中国的煤炭共有 14 个品种。

　　就像陈列在橱窗中的商品，把煤炭分门别类，为人们各取所需提供了极大的方便。发电、建材制造等行业以及经济比较落后地区，燃煤的主要目的是利用其热能来解决动力和生活问题，除非特殊情况，人们会选择褐煤、长焰煤、不黏结煤、贫煤、气煤这些无黏结性和弱黏结性的煤炭。如果单独用它们来炼制焦炭，恐怕除了一炉灰渣，什么都得不到。炼焦的最佳选择当然是焦煤。但是，由于世界上的焦煤储量相当有限，所以现在很少用它单独炼焦，

天 平

　　自古以来，天平是"公平、公正"的象征。现代社会和道德提倡公平。公平也是各项竞技活动开展的基础。但真正意义上的公平是不存在的，公平一般靠法律和协约保证，由活动的发起人制定，参与者遵守。

而是将肥煤、气煤、瘦煤等存储较为丰富的煤炭与焦煤按一定比例配成炼焦原料。一来可以节约成本，二来还可以改善操作条件，消除单纯使用焦煤炼焦时出现的诸如膨胀压力大、推焦困难等种种弊端，而且炼出来的焦炭质量并不见得差。比焦煤储量更少的是煤化程度最深的无烟煤，以中国为例，无烟煤仅占全国煤炭总资源量的 10%。山西阳泉是中国六大无烟煤基地之一，周围的百姓靠山吃山靠水吃水，早在 20 年前，随便取用山中之物以资取暖烹食，已是家常便饭。这种看似合理的行为，多少有些暴殄天物的意味，让人心疼。无烟煤的用途不同寻常。因为无烟煤含碳量极高的特性，常常将其用于生活给水及工业给水的过滤净化处理。假若这项利用还容易理解的话，用它合成化肥简直就有点匪夷所思了。煤化工用煤几乎没有偏好，是指以煤为原料，经化学加工使煤转化为气体、液体和固体燃料以及化学品的过程。主要包括煤的气化、液化、干馏，以及焦油加工和电石乙炔化工等。关于煤化工，值得一讲的内容实在太多，有必要另立题目详加演绎，暂且搁下不表。

　　世间万物以天为父，以地为母，生死往复，一任自然。山下的树和山顶的树本是同族，一块煤炭和一块黄金也无差异，它们物我两忘，无私无欲，各自孤立而又彼此和谐地达成

众生平等

在古希腊时期，人们曾经用一种敬仰或关注的目光去看待自然，把它看作具有灵魂的活的有机体。

了自然的平衡。是受雇于人类贪欲的阶级性破坏了这份平等安宁。赤条条来，赤条条去，这个道理谁人不知？可是即便有性命之虞，谁又肯轻言放弃对飞黄腾达的追逐呢？划定高下的结果已经让我们深陷极度自我的漩涡中无法自拔，而像"乐无贵贱，岂别尊卑"诸如此类的教条更是沦为一句句自欺欺人、可悲可笑的妄语空谈。其实，荣华富贵无非也就是多穿破几块布料，多制造几泡屎尿而已，就生存之道而言，并不比扑火的飞蛾、爬地的蝼蚁高贵多少。看开这一点，你就能明白煤炭各品种之间没有等级，不存在谁高谁低的问题。就如同裤子和上衣没有可比性一样，总不好自以为上衣漂亮而反对穿裤子吧，反之亦然。同一种类煤炭因为成煤构造、成煤环境不可划一，导致其构成组分上出现相当的差异。造物使然，本也无所谓好坏，但就是这点差异，便给人类打开了强行为其划分等级、评判其好坏的方便之门：符合人类所定标准的，就是上品，反之就是下品。

煤的挥发分左右着煤炭的分类，与灰分、水分、固定碳并称为煤的工业分析四大指标。但这还不是全部，煤的硫分、发热量、块煤限率、含矸率以及黏焦性、黏结性等，任何一项参数有所改变，都会使煤的物理、化学特性——煤的质量发生相应的变化，以致牵一发而动全身，影响到煤的使用。

1996年8月的一天，山西的一家煤矿接到南方某电厂的一封拒付函。函件措辞严厉，敦促煤矿方面限时做出合理解释，否则将诉诸法律追加赔偿，从此断绝一切来往。随函附有一份煤质检验报告，八项指标中仅有一项勉强算是过关，其余离要求均相差甚远。如此

火力发电厂

利用煤、石油和天然气等化石燃料所含能量发电的方式统称为火力发电。在所有发电方式中，火力发电历史最为悠久，也最为重要。最早的火力发电是1875年在巴黎北火车站的火电厂实现的。20世纪30年代以后，火力发电进入大发展的时期。到80年代后期，世界最大火电厂是日本的鹿儿岛火电厂，容量为4400兆瓦。

劣质的煤炭装入电厂的炉膛后会产生什么样的后果，煤矿方再清楚不过。

挥发分是判明煤炭着火特性的首要指标。挥发分含量越高，着火越容易。根据锅炉设计要求，供煤挥发分的值变化不宜太大，否则会影响锅炉的正常运行。若原设计燃用高挥发分的煤种而改烧低挥发分的煤，会因着火过迟使燃烧不完全，甚至造成熄火事故。如原设计燃用低挥发分的煤而改烧高挥发分的煤后，因火焰中心逼近喷燃器出口，则可能因烧坏喷燃器而停炉。这家发电厂的锅炉设计属于后者，而煤矿这次所供煤炭的挥发分竟高达30%，远远高于锅炉的设计值。

煤在彻底燃烧后所剩下的残渣称为灰分，属于有害的成分，来源于煤中的矿物质。煤用作发电燃料时，灰分增加，煤中可燃物质含量相对减少。矿物质燃烧灰化时要吸收热量，大量排渣要带走热量，从而使煤的发热量降低，加剧了设备磨损。不用说，检验报告中的灰分也是超标严重。难怪电厂抱怨，他们花大价钱买回去的不是煤，而是整列整列的灰渣。电厂的人还说，多花点钱不算什么，如果结渣严重导致锅炉熄了火，那才是吃不了兜着走的大事。

让电厂最不能容忍的，是这批煤炭的硫分竟也高得离谱，达到出乎意料的4%。硫是煤中有害杂质，虽对燃烧本身没有影响，但它的含量过高，会严重腐蚀锅炉的管道。因此，电厂燃用煤的硫分一般要求最高不能超过2.5%。更糟糕的是，燃烧高硫煤炭会释放出大量的二氧化硫，造成难以消除的公害。臭名昭著的伦敦型烟雾，其罪魁祸首就是煤烟。二

煤炭自燃

煤堆中的煤与空气接触，会发生氧化反应，并放出热量。煤发生氧化反应后，使煤堆的温度升高。煤的温度升高后，又加速了煤的氧化反应速度。这样，就使煤堆的温度越来越高。当温度超过煤的自燃点时，就会自燃。煤的自燃是通风不好热量积累导致的，外层煤的热量能够得到散发不会自燃，所以煤的自燃都是从内开始，逐渐向外扩展。

氧化硫一旦溶进雨水中就会形成酸雨，涂炭植被，侵蚀环境，尤其使暴露于空气中的金属物加速锈蚀。吸入人体，二氧化硫会直接引起呼吸系统的疾病。电厂之所以把这批劣质煤封存起来，担心的不仅是在南方的高温下，其中过高的硫分会促进煤炭的自燃和控制自燃会消耗多少人力物力，关键是煤炭自燃会造成严重的大气污染，不可避免地面临环保部门的严厉惩罚。

发热量就不必提了。这几节列车的煤炭，因为以上指标差强人意，发热量自是难以满足电厂每千克6000大卡的要求。雪上加霜的是，其中超标的水分蒸发过程中要吸收大量

煤质分析一般步骤

在国家标准中，煤的工业分析是指包括煤的水分（M）、灰分（A）、挥发分（V）和固定碳（Fc）四个分析项目指标的测定的总称。煤的工业分析是了解煤质特性的主要指标，也是评价煤质的基本依据。根据分析结果，可以大致了解煤中有机质的含量及发热量的高低，从而初步判断煤的种类、加工利用效果及工业用途，根据工业分析数据还可计算煤的发热量和焦化产品的产率等。煤的工业分析主要用于煤的生产开采和商业部门及煤炭各类用户，如焦化厂、电厂、化工厂等。

化验流程图

破碎
颚式破碎机

制样粉碎机
粉碎

烘干
干燥箱

仪器分析
量热仪
定硫仪
灰分测定仪

铁路运输

铁路货物运输是现代运输的主要方式之一，也是构成陆上货物运输的两个基本运输方式之一。它在整个运输领域中占有重要的地位，并发挥着愈来愈重要的作用。铁路运输由于受气候和自然条件影响较小，且运输能力及单车装载量很大，在运输的经常性和低成本性方面占据了优势，再加上有多种类型的车辆，使它几乎能承运任何商品，几乎可以不受重量和容积的限制，而这些都是公路和航空运输方式所不能比拟的。

的热，比灰分对燃烧的影响可是大得多，大大降低了煤炭的发热值。发热量缩水，意味着必须燃烧更多的煤才能生产出与平时等量的电，无形之中使电厂的运营成本大幅增加。

面对这张一无是处、千疮百孔的质检报告，供货方百思不得其解。山西煤炭物美价廉，素有名望。这家煤矿所在地——晋北地区，是全国动力煤最主要的生产基地。他们出品的煤炭，一向以"三低一高"——低硫、低灰、低挥发分、高发热量饮誉业界，不经任何处理即可直接入炉，比某些地区的洗精煤还要好不知多少倍，应付国内电厂可谓游刃有余。他们没有怀疑电厂暗中做了手脚，双方毕竟同舟共济多年，合作一直都很融洽愉快。运输环节再有失误，也不大可能发生调包这样的事，因为根本没有机会。派人去电厂采集煤样，走完煤质检验的一套程序，得到的结果别无二致，恰似上份报告的复印件。排除掉外围可能产生变故的一切可能之后，煤矿着手在内部查找原因。很快他们便发现了症结所在。原来，因为本地生产的煤炭质量上乘，高出一般电厂的质量要求，这样就为他们追求极限利润留下一个很大的空间。他们惯常的做法是，收购一定数量高硫、高灰、低发热量，同时价格也很

海洋运输

海洋运输是国际贸易中最主要的运输方式，占国际贸易总运量中的三分之二以上。我国绝大部分进出口货物，都是通过海洋运输方式运输的。海洋运输的运量大，海运费用低，海运航道四通八达，是其优势所在。但速度慢，航行风险大，航行时间不准确，是其不足之处。

经济危机

经济危机 (Economic Crisis) 指的是一个或多个国民经济或整个世界经济在一段比较长的时间内不断收缩（负的经济增长率）。经济危机是经济发展过程中周期爆发的生产相对过剩的危机，也是经济周期中的决定性阶段。

丛林法则

丛林法则是自然界里生物学方面的物竞天择、优胜劣汰、弱肉强食的规律法则。它包括两个方面的基本属性。一是它的自然属性，另一个是它的社会属性。自然属性受大自然的客观影响，不受人性、社会性的因素影响。自然界中的资源有限，只有强者才能获得最多。它的社会属性一般体现在动物界。人作为高等动物，他可以改变丛林法则的自然属性。这也是人类社会要遵守的生存法则。大到国家间、政权间的竞争，小到企业间、人与人之间的竞争，都要遵循丛林法则，至于竞争结果，那就看各自的实力、智慧、手段和改造世界的能力了。

低的劣质煤炭，掺搅在自己生产的优质煤中，以刚好符合用户要求为准。顺风顺水的，他们一干就是多少年。而且，只要不出状况，这种做法无可厚非。可这次，在南方用电高峰、煤炭库存告急的关键时节，负责这项工作的偏偏是个新手。初来乍到，他还来不及吃透应该把两种质量差异极大的煤炭充分搅拌均匀的深意，就匆匆指挥人马装车启运了。结果，就像炒豆子似的，两堆质量迥异的煤炭甚至是良莠分明地被装入不同的车皮，浩浩荡荡地奔赴了南方。无巧不成书，两次检验所采集的煤样，恰好都出自劣质的那部分煤堆。事实明摆着，电厂不担心不恼怒才怪。

后来，煤矿为消除自摆乌龙所造成的不良影响付出了许多努力，说服电厂不再追究，双方和好如初。但通过总结这次事件，电厂有了新的思想和主张。为解燃眉之急，避免引发区域性电荒，在煤炭库存即将告罄之际，他们尝试着从越南进口过部分煤炭。越南，世界第三大无烟煤生产国，其用于出口的煤炭，质量可想而知，自然是完美得无话可说。质量仅是一方面，让电厂心动不已的是其低廉的价格。虽然同处一国，但和隔海相望、近在咫尺的异国越南相比，山西离电厂的距离真可谓遥不可及。从越南购买煤炭，不仅可以缩短供货周期，确保库存量，还可以节省一大笔长途跋涉的运输费用，大大降低运营成本。种种现实的利益触手可及，何乐而不为呢？

近十几年来，这家电厂从越南进口煤炭的份额不断增加。而山西的煤炭，随着国内经济的虚高增长，价格直线飙升，加之高额的运输费最终都要转嫁到用户头上，使众多煤炭消耗企业频频发出"高攀不起"的感叹。2008年金融危机爆发以来，世界经济一片萧条。山西的煤炭目标市场呈加速萎缩的趋势。煤炭企业自然首当其冲，有产品而没销路，有付出而无回报，日子过得紧紧巴巴，真不知何时才能够风光再现。

岳飞的名言"运用之妙，存乎一心"是议论兵法的。所谓兵法，就是战争规律的总结。万事万物的存在、变化都遵循着一定法则，人类发现并掌握这些法则的目的当然是希望能够善加利用。我们按特定的线索分类煤炭，然后根据需要，把不同品种、不同质量的煤炭置于最适宜施展其才能的场合，为造福人类或发光放热或化气凝焦。这样的运用，堪称一个"妙"字。

自然法则

自然法则是宇宙间一切存在和运动的基本法则。比如说运动法则、平衡法则、吸引法则等。宇宙是运动的，宇宙是平衡的，宇宙间的个体与个体、群体与群体是相互吸引的。

十一、远亲不如近邻
——硅化木和煤的伴生矿产

有些时候

我们开采煤炭

是为了得到其间的稀有矿产

而非煤炭本身

此去不远，地大物博的宣传误导过多少国人，总以为我们有吃不完的珍馐，用不完的金银，抛一点撒一点算

不得什么事。以至于到现在，还有不少人遗毒未尽，仍以浪费为荣。其实我们的国家并不富裕。仍以煤炭为例，

1991 年末，中国煤炭探明储量为 9667 亿吨，不能说少吧。可是扣除了回采损失及经济上无利和难以开采的储量后，分摊到每个人头上的煤炭量，就只有区区 234.4 吨了。这个量值尚不及世界人均煤炭资源占有量 312.7 吨，更难与美国匹敌。美国煤炭人均占有量高达 1045 吨，几乎是我们的五倍。

不实宣传的可怕之处，是它对受众之精神与人格无情的侵蚀和扭曲。曾有过一则报道，说由太空俯瞰地球，肉眼能够看到的人工建筑有两处，一是埃及的金字塔，一是中国的万里长城。消息一出，像吸了大烟似的，举国疯狂。那个时候，疯狂是每个中国人义不容辞的责任。其时做小学生的我们，也追随着空前高涨的民族主义热潮，奉命完成了一篇颂扬华夏祖先的满纸空话。这个煞有介事的弥天大谎，我相信埃及人不会当真。只有我们，也只有我们以为然。亏得多少年里我们两耳不闻窗外事，听不到整个世界对我们的嘲笑，当是不幸中的万幸。不然的话，叫我们情何以堪。

"往者不可谏，来者犹可追"。承认不足，才可以谈发展。走过多少弯路之后，我们如今似乎找到了一条光明的道路——发展经济，俗称赚钱。然而，国人易走极端的特质总是在关键时刻出来作祟。时下在不少人群中，除了对成功的渴望，几乎已经没有其他追求。随着道德落荒而逃的，还有信仰、良知、文化以及一切我们曾认为是美好的东西。颐指气使、得意洋洋的成功人士们，将以往使自己痛苦万状的别人的白眼、奚落，变本加厉地施与那些正在为成功拼死拼活的人，没有一丝同情。摈弃道德的成功，业已成为毒害某些人的另

一剂精神鸦片。金钱无疑可以买到一切你所期望的物质享受，但于冷静处，我建议各位不妨认真思考一下：剥去钱钞的包装，成功还剩下什么。这就好比一块顽石，无论外表如何光鲜靓丽，其内质依然是石头，绝不可能因为人为的妆扮而蜕变为宝石。令人啼笑皆非是，由于不断深化的金钱欲和各种言过其实的炒作吹嘘，像指石为宝这类的事，竟演变为一种风尚，流行多年且势头日盛。比方硅化木，堪称这场风潮中的典型代表。

中国的每座城市，无论大小，一个贩卖文化的古玩市场是不可或缺的。不过繁华背后，充斥其间的绝大多数所谓老物件儿，均是现代造假技术的杰作。这点猫腻，明白人都知道，所以真正的收藏家一般绝少光顾。假如你多有闲暇而又心如止水、别无他图，这种赝品泛滥的地方倒不失为一个化瘀消食、遛弯解闷的好去处。或许，就是不敢肯定，你会在一个不起眼的角落发现一处经营奇石的小摊。摊主伶牙俐齿，先是王婆卖瓜把他的宝贝逐一夸耀一番，见客人兴致索然，他的表情严肃起来，特意把一块手腕粗、寸许长、长得像截了树枝的石头，隆重推介给你，并说这是他的看家宝贝。你一定要问他这是什么东西。他会

大声告诉你：树化玉呀！你心里总会犯疑：玉？明明是块石头嘛。不等你开口，摊主一把拉你蹲下，随手取过一本相册，一边翻一边侃侃而谈，说满市场的东西都能造假，只有这树化玉做不了假，是货真价实的老物件。相册里，高矮不同、形色各异的树化玉让人眼花缭乱，目不暇接。有的几经雕琢打磨，端坐于高档红木托上，发散出美玉的光泽；有的天真未凿，保持着自然的古朴典雅。摊主一直口若悬河，这时凑近你的耳根压低了声音说：因为太沉重，他只带了一块小的出来，如果真心喜欢，可以领客人去他

家后院，那里存着人见人爱的上等货色，你知道这种东西属于国家保护范围，轻易得不着的。你本无心交易，当然也明白，故弄玄虚是这类摊主玩熟了的伎俩，但此刻却有打听一回价格的义务。摊主的报价高得叫人摸不着头脑，咋舌的同时你大可以掉脸便走，借此摆脱他的纠缠。走出多远，摊主可能还要冲着你的背影完成他最后的宣言：纯自然的树化玉，得一块少一块啊。

玉髓硅化木

硅化程度高、质地致密坚韧、光泽强的硅化木经过加工和抛光后，呈现出玉石般的细腻，加上有清晰的木质结构，别具风韵。

能够躲过摊主花言巧语的蒙蔽，说明你定力强大。先不说树化玉这种石头值不值摊主所报的高价，即便你真的动了收藏心思，也该把遍览市场、货比三家这样的一般流程走完整了才是。那为什么连看上去毫不起眼的那么一小块树化玉竟也能唱出叫人心惊胆颤的价格呢？这个问题恐怕早在你的心里驻足很久了，现在我来为你揭开真相。炒作，这完全是炒作的结果。列位想一想，就连生姜、大蒜这一类普通得不能再普通的常规食材，其价格都可以哄抬到直穿云霄的高度，何况是虽不稀奇也非常见的树化玉呢？所以，列位须时刻保持一颗清醒的头脑，千万不可一时冲动，抱着以小搏大的侥幸心理，拿一点为数不多的存量资金给人家做陪衬。否则的话，等着你的结果不外乎是个血本无归。就像中国的股市，吃亏的往往是小户。

现在，我就仔细说说这树化玉。

树化玉其实就是木化石，学名叫硅化木，由数亿年前的树木石化而成，可以说是煤炭的远亲。"东阳多名山，金华为最大。其间绕古松，往往化为石"。这是唐代著名诗人陆龟蒙描写硅化木的诗篇。他还说："松木入水历一千年则化为石。"实际上，硅化木的年岁比陆龟蒙的猜测大得多。到目前为止，人类发现的硅化木最早形成于距今3.54亿年前的石炭纪，最晚形成于6500万年前的白垩纪晚期，以侏罗纪、白垩纪最为多见。从年龄来讲，硅化木的确够老，这一点那位摊主没有撒谎。但因为老就值钱，却也未必。

树木要想成为硅化木，先决条件是其遗骸必须被迅速掩埋，以隔绝空气，避免让细菌

交代作用

岩石变质作用的一种，变质过程中，围岩与侵入体发生物质交换，带入某些新的化学组分，带出一些原有的化学组分，从而使岩石的化学组成和矿物组成发生变化，形成新岩石。在这一过程中新矿物大量产生，岩石成分发生显著变化。图片是显微镜下看到的岩矿交代结构。

毁尸灭迹，从而得以完整保留。这与煤炭形成初期树木遗体安详沉入水底的情形完全不同，非有翻江倒海的力量不能完成。所以，在树木被掩埋的那一刻，正是地球构造板块运动异常猛烈的时候。地震、火山爆发、山洪裹挟着巨量的泥土沙石，翻滚咆哮，势不可挡，一切的毁灭只在瞬间。当狂暴趋于平静之后，一股富含硅质成分的地下水不期而至。它们穿过岩石的裂隙、透过疏松的沙砾，在沉睡着树木遗骸的狭小空间稍作停留，又缓缓而去，继续它们不知终点的旅程。水流绵绵不绝，舒缓柔弱却坚韧恒久，悄无声息地一边溶解着树木的细胞，一边把自己携带的矿物质，诸如氧化硅、方解石、白云石、磷灰石，以至部分褐铁矿、黄铁矿等，及时填充于因木质成分消失而留下的孔洞之中。几千万年转瞬即逝，造化的力量使得那些死去多时的树木重见天日。这时候，我们会惊讶于它们的改变。它们已经不再是树，虽然保持着树的形态，甚至内部原有的细胞结构都清晰可见，但它们确确

水冲硅化木

硅化木经地壳运动裸露地表后被洪水、冰川等冲入河中，与沙石一起经千万年激流冲淘、磨砺而形成。有较好的水洗度、磨圆度，石表润泽，色艳纹细，有的年轮、树结和木质纤维等历历可辨，是硅化木里的罕见种类。

实实已经不再是树，而变为一根根沉重致密、貌似树木的参天巨石。

　　硅化木，说白了就是块石头。称其为玉，实在是高抬了它。不过事无绝对。假如取代木质组分的矿物质是纯度很高的胶质二氧化硅，即蛋白石，或者是隐晶质石英，后又经铁、铜等金属氧化物长年浸染润泽，这种硅化木出落得不仅结晶致密细腻，而且红、褐红、浅褐黄、乳白、墨黑、灰、绿等各色团块斑驳，深深浅浅任意铺陈，使其外貌酷似玛瑙。抛光处理之后细腻光润，玉石感极强，除了可以制作化石摆件，还可以切割琢磨成硅化木珠宝首饰，如串珠、戒指、挂件、手镯等妇女们的最爱。如果某块石头同时还能够反映出树木种类、树皮、树枝、树节、树瘤、年轮、虫洞、肌理等特征，追求者便会成倍增长。假如有那么一只倒霉的小虫，被封在石头里也变成了化石，收藏者想要据为己有，恐怕就得动用血本了。"天下皆知美之为美，斯恶已"。美与丑本来没有明确的界别，美到极点也许就是丑，丑的极致何尝不是美呢？何况人们对于美的追逐，搅和了太多唯利是图，即便是真美，也会因待价以沽而蒙羞。

　　人类认为自然美的东西，上天不可能像畅销商品那样在流水线上成批生产。与其说是美，不如说是缺，奇货可居才是美的本质。你看中国上下五千年，走过的女子千千万，称得上美艳绝伦、色冠天下的，不只有闭月羞花、沉鱼落雁这四位吗？比之"江山代有人才出"的芸芸众生，造化偶成的玛瑙质硅化木可以说是凤毛麟角，可遇而不可求。这里，大家要注意了："玛瑙质"三个字，放在"硅

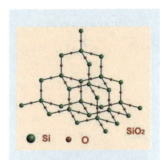

二氧化硅晶体结构

　　二氧化硅是硅最重要的化合物。地球上存在的天然二氧化硅约占地壳质量的12%，其存在形态有结晶型和无定型两大类，统称硅石。

二氧化硅晶体

　　结晶二氧化硅因晶体结构不同，分为石英、鳞石英和方石英三种。纯石英为无色晶体，大而透明的棱柱状石英叫水晶。含有微量杂质的水晶带有不同颜色，有紫水晶、茶晶、墨晶等。普通的砂是细小的石英晶体。

天然玛瑙原石

玛瑙是一种不定形状的矿石，通常有红、黑、黄、绿、蓝、紫、灰等各种颜色，而且一般都会具有各种不同颜色的层状及圆形条纹环带，类似于树木的年轮。原生玛瑙的主要化学成分是二氧化硅，其次是少量的氧化铁和微量的锰、铜、铝、镁等元素及化合物。一般认为，原生玛瑙由岩浆的残余热液形成，与硅化木的形成机理完全不同。

方解石

方解石是一种碳酸钙矿物，天然碳酸钙中最常见的就是它。因此，方解石是一种分布很广的矿物。方解石的晶体形状多种多样，它们的集合体可以是一簇簇的晶体，也可以是粒状、块状、纤维状、钟乳状、土状等。敲击方解石可以得到很多方形碎块，故名方解石。

化木"之前作定语，只起到修饰作用。结合之前我还说过的有些硅化木"外貌酷似玛瑙"，意思就非常明白了。酷似玛瑙，绝非真的玛瑙。也就是说，所谓"玛瑙硅化木"，在自然界是不存在的。玛瑙多产于火山岩的气孔中，是一种分泌体，在一定的空间中——一般多呈圆形，自外向内生长结晶而成，这与硅化木的形成机理大相径庭。有些硅质沉积岩的空穴处，局部也偶有玛瑙结晶生长。而硅化木，它的原型是树。树都是从土里往上长，在没有障碍的空间自由地接受阳光，攫取养分。有谁见过由一滴滴水珠在一个暗无天日的、窄逼得不容旋踵的封闭洞穴里结晶出来的树呢？就硅化木本身的处境而言，它不具备石头变玛瑙的地质条件。点石成金，只是一个传说。尽管某些硅化木集天地之灵气，吸日月之精华，出落得色彩斑斓，光耀逼人，但还是不应视其为玛瑙，这就和永远不能把野鸡当凤凰是一个道理。

萝卜青菜各有所爱，有人偏偏喜欢把乌鸡当凤凰来养，那也是没有办法的事。可是有些家伙，利用种种现代科技手段，造出许多"貌似玛瑙"的假硅化木出来混淆视听，专事骗人钱财诈人身家的勾当，就着实叫人恼且恨了。想想看，原本以为花大价钱买回来一只凤凰，到头来连只乌鸡都不是，你的心情将会如何？说句不爱听的，恐怕死的

白云石

白云石矿主要成分为碳酸钙和碳酸镁。这种石材在外观上看来非常接近石灰石，事实上，在发现石灰石沉积物的地区，也会经常发现白云石。白云石为三方晶系，具有完整的解理以及菱面结晶。颜色多为白色、灰色、肉色、无色、绿色、棕色、黑色、暗粉红色等，透明到半透明，具有玻璃光泽。

心都有了吧。

世界上许多地方盛产树化石，而且多以群落出现，一挖一大堆。中国新疆有个叫奇台的地方，以硅化木分布集中、数量和规模宏大、保存极为完整而著称，是世界上最壮观的硅化木群产地之一。奇台曾经出土过一株长达38米、根部直径达1.2米的松柏类高大乔木化石，号称天下第一，因此而名声大噪。绝大部分地方出土的硅化木与奇台的硅化木一样，品相极其普通，以灰色、土色者居多。它们最好的去处不外乎博物馆和地质公园，陈列在室外或室内供人瞻仰。展览嘛，自然以大者为佳，或粗壮或颀长或二者兼备。因为专业的关系，我对硅化木情有独钟。有一回，不顾家人反对，我把一块重达半吨的硅化木搬进家里。本打算拿它作为一个台面之类的器物，但实在太占地方，移动也极为困难，弃之又不忍，只好再次雇人将它移居地下室了。两次搬运，耗去大量银钱不说，只引得一片谴责。现在，偶尔去一趟地下室，它的形态总是让我在远古茂密森林的幻想中小小地发一会儿呆，此外还是觉得它太占地方。

磷灰石

磷灰石是一系列磷酸盐矿物的总称，它们有很多种。磷灰石是提炼磷的重要矿物，其中氟磷灰石是商业上最主要的矿物。磷灰石的形状为玻璃状晶体、块体或结核，它们的颜色多种多样，一般多为带六方锥面尖头的六方柱形。多数磷灰石都很纯净，色泽艳丽、干净、无裂痕的可以当作宝石了。

论起对人类的贡献，硅化木实在不能与同出一源的煤炭同日而语。若非要说它有什么长处，大概除了勾起像我这样有地质专业背景的人发一

阵小呆之外，就只能把它归于印度白象一类的事物了。大而无用，这就是我对硅化木的评价。

较之硅化木这位大而无用的远亲，与煤炭毗邻而居的伴生矿产，比如铝土矿、高岭土、菱铁矿、锰矿、黄铁矿、磷矿等以及其他可燃矿产，如油页岩、煤层气、炭沥青、石煤等，用处可就大得多了。所谓伴生就是相伴而生，因数量少而位居其次要地位的矿物比如铝土矿、高岭土中的稀有矿产等。远古时期，一个有利于煤炭形成的环境，即成煤环境，往往能够相对稳定地保持相当长的一段时间。温湿的气候、大型的沉积盆地和较为温和的地壳运动，不仅为煤炭形成提供了有利的条件，也为其他矿产的聚集创造了适合的机会。比如长石，一种地壳中分布最广、含钙、钠和钾的铝硅酸盐类造岩矿物，在温暖潮湿的气候中加速分化，所产生的高岭石、铝土矿等矿物被山洪或其他载体搬运至泥炭沼泽，逐渐堆积，

锰矿石

在现代工业中，锰及其化合物应用于国民经济的各个领域。其中钢铁工业是最重要的领域，用锰量占90%～95%，主要作为炼铁和炼钢过程中的脱氧剂和脱硫剂，以及用来制造合金等。

与煤炭相伴而生，最终形成能够为我们所用的高岭土矿床和铝土矿床。还有，煤层中的有机质可选择性地吸附一些金属元素，例如锗、镓、铀、钒等，数量多了，自然也可以富集成矿。它们与煤炭共同建立起一套特定的岩石组合，科学家们称之为煤系地层。

对于煤系地层中那些远道来的客人，煤炭的态度是主随客便，任其自然。反倒是人类，似乎非有"有朋自远方来，不亦说乎？"的热忱，不足以表达内心的喜悦。这种

> **煤系地层共伴生矿产**
>
> 煤层总是产于一特定的岩石组合中。地质学家将这种组合的岩石，叫煤系地层。煤系地层除产有煤外，常常还含有许多共生、伴生矿产。这些矿产对国民经济同样具有重要意义。

含煤地层共伴生矿产一览表

矿物名称	主要成矿时代	生成环境	主要产地	主要化学成分	用途及储量
高岭土 Kaolin	石炭纪、二叠纪	河流、湖泊、海湾沉积相	集中于山西、河北、内蒙古、山东、陕西	SiO_2、Al_2O_3、H_2O	可做陶瓷、耐火铸造材料、中国含煤岩系中高岭土储量占世界总储量约 1.673Gt
铝土矿 Bauxite	石炭纪	海相、陆相沉积型及风化残余型	华北、中南、西南、山西占全国总储量 40%	Al_2O_3、SiO_2、Fe_2O_3、FeO、TiO_2、H_2O	主要用于提炼金属铝，全国总储量约 1Gt
油页岩 Oil shale	古近纪、新近纪	湖泊、海湾、泻湖相	辽宁抚顺、甘肃炭山岭、山东黄县、海南儋县等地	C、H、O、N、有机S、硅酸盐、碳酸盐、碳酸盐矿物、石膏、黄铁矿	提取页岩油和煤气，可作化工原料，中国油页岩资源量约 430Gt，居世界第四位
硫铁矿 Sulphur mineral??	石炭纪、二叠纪、侏罗纪	海相、海陆交互相	山西、贵州、川南、豫北、云南、湖北	$Fe_{1-x}S$、$Fe_{n-1}S_n$	制造硫酸，提炼硫磺，含煤岩系硫铁矿约占总储量一半以上
硅藻土 Diatomite	古近纪、新近纪	淡水湖泊与泥炭沼泽交替相，中国70%的硅藻土与古近纪、新近纪褐煤共生	吉林、黑龙江、山东、云南	SiO_2.nH_2O	用作助滤剂、吸附剂、保温材料、软磨料、绝缘材料，用于水泥、陶瓷等工业，中国探明储量为 0.35Gt
膨润土 Bentonite	古近纪、新近纪	海相、海陆交互相。距煤层越近品位越高	吉东北三省、广西	蒙脱石 SiO_2 Al_2O_3 H_2O_5	主要用于生产高炉冶炼中黏结剂、钻探泥浆等，含煤岩系中储量为 0.888Gt
石墨 Graphite	侏罗纪	煤层中，由岩浆侵入发生接触变质而形成	吉林磐石、湖南鲁塘	C	用于核工业、航天工业、人造金刚石及彩电显像管，含煤岩系中储量达 52.5164Mt

三水铝石

铝土矿是提炼铝的主要矿石，它的主要成分是三水铝石、软水铝石和硬水铝石。因为形成原因不同，铝土矿的很多物理性质也不一样。如有的松软，有的坚硬，有的像豆状，有的为多孔的块状甚至土状。它们的颜色也不一样，常见的有红、黄、褐、灰等色调。铝土矿是岩石彻底风化后的产物，部分铝土矿其间经过了化学沉淀。铝土矿的非金属用途主要是作耐火材料、研磨材料、化学制品及生产高铝水泥。

高岭土原矿

高岭土，因产于中国江西省高岭而得名。颜色纯白或淡灰，有珍珠光泽，含杂质较多时则呈黄、褐等色。大部分是致密状态或松散的土块状。为造纸、陶瓷、橡胶、化工、涂料、医药和国防等几十个行业所必需的矿物原料。

喧宾夺主的做法，目的当然只有一个：为我所用。

煤系高岭土，一种与煤共伴生的硬质高岭土原料，以夹矸、顶底板或单独矿层形式，存在于几乎所有的煤系地层。中国的煤系高岭土探明储量约 16.7 亿吨，远景资源量可达 180 亿吨，比单独成矿的非煤系高岭土要多得多，而且品质优良，为世界之最。高岭土用途之广超乎想象，远非我们所熟知的生产陶瓷、耐火材料那么单调。比如制造塑料电缆，加入适量的高岭土，可以使电缆包皮的绝缘性能大大提高；又比如我们的橡胶鞋底最耐磨，也是添加了高岭土的缘故；再比如高岭土用于造纸，能够给予纸张良好的覆盖性能和良好的涂布光泽性能，极大改善纸张的质量，使纸张不仅洁白光滑，而且韧性十足。近年来，高岭土在一些高新技术领域频频现身，开始一展手段，甚至原子反应堆、航天飞机和宇宙飞船的耐高温瓷器部件，也需要它的支持才有用武之地。

油页岩，又称油母页岩，除单独成矿外，经常与煤形成伴生矿产。有些煤矿，油页岩的储量甚至超过煤炭本身，真有点鸠占鹊巢的意味。它和煤的主要区别是灰分超

油页岩

过 40%，与碳质页岩的主要区别是含油率大于 3.5%。油页岩的开发利用可以追溯到 17 世纪，最先是作为能源被使用的，即干馏炼油和作为燃料。直到 1966 年，由于廉价石油的大量开采利用，油页岩作为主要矿物能源才退出历史舞台。将油页岩加热至 500℃ 左右，就可以得到页岩油，也就是我们所说的人造石油。页岩油加氢裂解精制后，可获得汽油、煤油、柴油、石蜡、石焦油等

多种化工产品。油页岩做燃料主要是用来发电，即直接用作锅炉燃料或进行低温干馏产生气体燃料而发电，还可用于供暖和长途运输。干馏和直接燃烧产生的灰渣和废气有不同的用途，灰渣可以用来充填矿井，也可以用作制取水泥、陶粒、砖等建筑材料；废气可以作为燃料加以循环利用，为油页岩的干馏提供热源。全球油页岩资源十分丰富，其蕴藏资源量约有 10 万亿吨，比煤炭资源量多 40%，比传统石油资源量多 50% 以上。这么大的储量，若不能善加利用，岂不可惜？我国开发利用油页岩，最早最大的、时间最长的企业是辽宁抚顺西露天矿。

　　煤中已查明的元素有 80 多种，其中的金属元素大部分存在于煤的有机质中，呈现一

煤中稀散元素的提取

　　锗、镓、铀等稀有元素都是国防工业不可缺少的贵重金属。它们在地壳中的赋存十分分散。但在某些煤中却较为富集。如在我国某些年轻的褐煤和年轻烟煤中常富集有超过工业品位几十倍乃至几百倍的锗和铀，而镓与铝共生。在含氧化铝高的煤中常富集氧化镓。回收这些宝贵的稀散元素，潜力巨大。

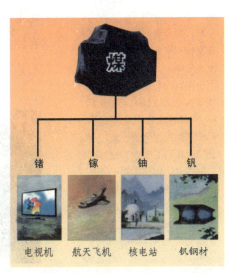

电视机　　航天飞机　　核电站　　钒钢材

种你中有我、我中有你的情形。业界常说的富锗煤、富铀煤、富钒煤、富镓煤等，就是这些元素富集并达到或超过工业品位、可作为工业矿床开发利用的煤。

锗是煤中研究最详尽的伴生元素之一，由挪威地球化学家、晶体化学家和矿物学家戈尔德施米特于1930年首次从煤灰的分析中发现。锗主要以锗腐殖酸盐形式富集在中、新生代褐煤和部分的中、低变质烟煤中，一种釉黑色、接近玻璃光泽被称为镜煤的低变质煤是锗的最大载体。在元素周期表中，锗的位置正好处于金属与非金属之间，具有许多类似于非金属的性质，它晶体里的原子排列与金刚石差不多，所以锗与金刚石一样硬而且脆。性能决定用处，

作为一种优秀的半导体材料，锗可用于制各种晶体管、整流器及其他器件。高纯锗单晶对红外线透明，不透过可见光和紫外线，因此成为红外夜

视仪等军用观察仪的关键组件——透镜的主要原材料。锗，具有明显的抗肿瘤与消炎活性，能够使体能保持充足的氧分，对老年痴呆、内分泌失调、动脉硬化、骨质疏松等种种由于免疫力下降导致的疾病，有显著的疗效。锗在地壳中的含量仅为百万分之七，且分布极其分散，富锗煤的宝贵可想而知。

"龙生九子，各有所长"。煤中其他稀有金属的性能和功用，想必各位都有个一知半解。比方说起铀，自然使人联想到原子弹那可怕的蘑菇云；钒，一种银灰色的金属，素有金属"维生素"的美名，它通过细化钢的组织和晶粒，以增加钢的强度、韧性和耐磨性，让各种钢制的锅碗瓢盆更加美观漂亮，结实耐用，这一点家庭主妇们最有发言权。凡此种种，我就不一一细数了。诸位若有兴趣，还是那句老话，不妨找几本专著读一读。

中国乃至世界已探明的大量矿床中，单一矿种的矿床相对较少，煤炭因其一般储量巨大，决定了它的伴生矿产也非常之多。有些时候，我们开采煤炭的目的是为了得到其间的稀有矿产，而非煤炭本身。物以稀为贵，正因为多，煤的价值远低于伴它而生的某些矿产。甚至百无一用的硅化木，炒作起来也是前途无量。但不要忘记，即便是一粒尘埃，也有可能成为雨滴的核心。雨水润泽万物，谁说没有尘埃的一份功劳呢？何况是煤，我们靠它支撑着走过了工业革命以来的几百年，以后将完全弃之而不用，恐怕没人敢说这种大话。起码在相当长的一段未来，我们还得靠它。

钒铅矿

元素钒是墨西哥矿物学家节烈里瓦于1801年在含有钒的铅试样中首先发现的。后来到了1830年写佛寺特勒木在由瑞典铁矿石提炼出的铁中发现了它，并肯定这是一种新元素称之为钒。钒是一种银灰色的金属，属于高熔点稀有金属之列。只需在钢中加入百分之几的钒，就能使钢的弹性、强度大增，抗磨损和抗爆裂性极好，既耐高温又抗奇寒。此外，钒的氧化物已成为化学工业中最佳催化剂之一，有"化学面包"之称。

十二、一个时代的生死轮回
——煤起煤落

不错

依靠煤炭人类走过了工业革命几百年

今天

煤炭经济出现了重大拐点

中国依靠资源去发展的大工业时代

一去不复返了

星移斗转，沧海桑田

煤炭，曾经有多昂贵？

从 2003 年到 2008 年，煤炭几乎一天一个价。到了最疯狂的 2008 年前三季度，甚至到了每个小时不同价的地步。当时动力煤的价格，被迅速炒高到每吨 1100 元。

煤炭，现在有多便宜？

2016 年春节期间大降温的时候，在深圳、广州和海南，1 斤绿叶菜的身价竟然可以顶 100 斤优质动力煤！

也就是说：时至今日，那些富极多年的不同体制、不同规模的煤炭企业家们，他们深埋地下的财富至少暂时要深埋地下了，因为挖出来不仅不能挣钱，还要倒贴人工费。

这是多么不可思议的反差，真是星转斗移、沧海桑田，中国乃至世界煤炭重大拐点的出现这一惊人的事实也见证了中国经济结构的深度调整，映射了中国社会的巨大变迁！

代表着煤炭黄金十年财富形象的"煤老板"这个词将在 2016 年走向没落。

煤在我国的能源结构中，曾占有举足轻重的地位，计划经济时期煤炭供不应求的矛盾促使新中国成立 60 年来煤炭产量快速增长，由新中国成立初期的 3243 万吨上升到 2015 年的 360000 万吨，增长了 110 多倍。煤炭工业为新中国经济的腾飞提供了三分之二以上的能源。正是这丰富的煤炭资源有效地支撑了我国国民经济的持续快速发展。

蜂窝煤——曾经的都市生活必需品

从新中国成立初期一直到 20 世纪 90 年代末，大小城市老百姓一年四季离不开煤。在短缺经济时代，煤炭几乎与粮食一样是老百姓生活中的必需品。那时煤是紧缺能源，定量供应。居民买煤手里得攥着煤本或煤票，为了保证

投机倒把

"投机倒把"是计划经济年代的一个特殊罪名。"投机"就是市场缺什么东西，立即买入买出。"倒把"就是转手的意思，就相当于现在说的几级供销商一样。当时社会环境下等于个人私自增加了商业流程，从一定程度上影响了中央的"计划"，所以要严惩。

及时供应，运煤车甚至可以走禁行线。北方城市市政府每到冬季来临前首先要给老百姓办的就是两件大事，一个是白菜，一个是民用煤。南方大城市用电、用煤气更离不开煤炭，北煤南运的资源格局，供不应求的计划经济体制催生了1988年～1998年代倒卖煤炭，简称"煤倒"。"煤倒"的盛行，连军队也加入了其中，史称"军倒"。笔者曾亲历了这一过程，一列大同发往上海的计划内煤炭，一经"煤倒"转手就可以挣到价值两辆桑塔纳轿车的差价，约40万元。为了与山西煤企搞好关系，时任上海市市长朱镕基曾亲带歌舞团逢年过节到大同矿务局慰问矿工，协调关系，只为多供上海一些煤。

中国改革开放后，经济的快速发展导致煤炭的需求量剧增。山西作为煤炭大省，1980年国家做出了建设能源基地的决策，重金支持煤炭产业。3年之后，国家再次放宽对煤炭行业的管理政策，鼓励发展乡镇小煤矿。

1993年，国家放开除电煤以外的其他煤种销售价格，小煤窑开始遍地开花，"煤老板"从此登上历史舞台。

小煤窑

一个手工或者机械挖煤的场所，因为常常会挖掘成一个窑洞形，从底部向上砌砖，然后通向地下煤层，所以叫作煤窑。

1996年、1997年，煤炭产业投资增长率分别是13.8%和17.6%，此时小煤窑开始爆发式增长。到1997年，中国仅有证煤矿数量就达到10971座，此外还有无数私自开采的小煤窑隐藏在监管体系之外。当时私人开采煤矿并不被允许，很多人只能挂靠，或以村集体的名义建矿。

然而就在发展最辉煌的1997年，亚洲金融风暴爆发了。在此背景下，山西省在1998年整顿了煤炭产业，取缔私开煤矿1453座；1999年再度关闭1565座布局不合理的煤矿，缩减生产能力4399万吨。但这次整顿并不彻底，无证开采的煤矿依然大量存在。一切只是因为煤炭行业太赚钱了！当时电厂和洗煤厂买煤都是背着现金到矿厂排队交钱，动作慢一点都排不上。

1999年全国平均工资不过才2000～3000元之间，而煤矿工人的工资已经可以达到4000～5000元之间。这吸引

供不应求

2008 年上半年煤炭紧张的状况："煤炭刚升到地面，就被抢走了。很多电厂的采购员守在矿区，上来一批抢走一批。"到了冬季，煤炭需求量大增，煤矿外就挤满了各色人群：连等几天几夜熬红双眼的卡车司机、一天接受三次涨价愁容满面的经销商，还有为了催煤长年蹲点的业务员……

了来自全国各地的务工人员蜂拥而至。最关键的是：那些最早入行的底层矿工们，不乏少数历经九死一生的起伏而最终告别了阴冷潮湿的矿井、摇身一变成为富甲一方的煤炭大亨。

煤炭行业的原始积累从此开始了！

从 2002 年开始，煤炭正式进入高速增长状态，来自第三方研究机构的一份数据显示，2002～2005 年，煤炭产业的投资年均增长率达到 50.6%。

伴随着利润爆发的是全国矿难事故迭起。2002 年，山西发生煤矿事故 184 起，501 人死亡；次年，发生煤矿事故 159 起，死亡 496 人。

另一组数据显示，2004 年中国产煤 16.6 亿吨，占全球的 33.2%，但是全国矿难死亡人数高达 6027 人，占全世界矿难死亡总人数的 80%！一切还是因为煤炭行业太赚钱了，所以安全措施、规范作业等被忽视。

政府开始界入引导。2005 年 6 月，《国务院关于促进煤炭工业健康发展的若干意见》颁布，于是一场整顿煤矿产业的风潮从山西席卷全国。其中有这样的规定："实行资源有偿使用，引进外地资本投资山西煤炭，促进煤炭企业产权、股权的多元化。"

这一下不得了，嗅到商机的浙江人开始蠢蠢欲动。2005 年，手持大量现金的浙江商人率先涌入山西投资煤矿。

由于政府要求所有煤矿必须把手续办全，手续不全的就被淘汰！于是很多中小煤老板四处借钱，对煤矿进行合规划改造。而国家要求产权清晰，他们就又到处奔走，向亲戚、朋友们借钱，办各种手续。在当时，办这些手续，从上到下都要打点。这其中必然滋生腐

矿 难

需要纠正的是中国人总以为中国的矿难比国外多而大，实际上矿难是工业社会发展到一定阶段的必然产物。英国、法国等西方工业国家在 19 世纪 80 年代工业大发展时期也发生过类似的矿难。我们经济的发展比他们晚了一个世纪而已。1906 年 3 月 10 日法国 CatastrophedeCourrières 矿难是欧洲至今发生的最严重的矿难，共造成 1099 人死亡。瓦斯煤粉爆炸撕碎了这个位于法国北部的煤矿。正在工作的人员有三分之二遇难，死亡 1099 人，其中包括不少孩子。

败，因为煤矿主要想发展，必须搞好同方方面面的关系。这就不可避免地产生了"权力搅买卖"、"权贵资本化"的牟利空间。

此时煤炭价格持续飙涨。行业数据统计，2001 年至 2008 年 7 月，八年间煤炭价格涨幅达到 585%。其中，煤价最高是在 2008 年，达到 1100 元 / 吨。

高额利润诱惑违规生产，煤矿事故多发再现。作为标本同治的手段，山西省政府出台

商 机

公开统计数据显示，2005 ~ 2009 年，在山西投资煤矿的浙商企业多达 450 多家，投资总额超 500 亿元。

《煤炭资源整合和有偿使用办法》，要求年产 9 万吨以下的煤矿出局，并整合 20 万至 30 万吨中型矿。也由此开始，投资煤炭的门槛不断被提高，这导致很多投资商人不得不从老家的亲戚朋友处集资，并承诺高额回报，甚至不少人为买矿借高利贷。

整　合

经过这一轮整合，山西省市以下煤矿数量由 2005 年整合前的 4389 座缩减至 2626 座，淘汰了所有年产能 9 万吨以下的煤矿。

正是这个机遇刺激了中国民间借贷的发展！

而正当煤老板们沉浸在史无前例的疯狂中时，发生在山西的另一场特大事故间接拉开了山西煤炭行业的又一次整合。

2008 年 9 月 8 日，山西襄汾县发生溃坝事故，共造成 277 人死亡，4 人失踪，33 人受伤，直接经济损失达 9619.2 万元。这次事件直接导致时任山西省省长孟学农引咎辞职，间接导致了山西煤矿的再度整合。

2008 年 9 月 2 日，山西省政府下发《关于加快推进煤矿企业兼并重组的实施意见》，要求到 2010 年底，山西煤矿企业规模不低于 300 万吨 / 年，矿井数量控制在 1500 座以内。

2009 年 4 月 15 日，山西省政府再次下发《关于进一步加快推进煤矿企业兼并重组整合有关问题的通知》，将矿井数量控制目标由 1500 座下调到 1000 座。

2010 年 1 月 5 日，山西省政府宣布，山西省重组整合煤矿正式协议签订率已高达 98%，兼并重组主体到位率已达到 94%，具有决定性意义的采矿权许可证变更也已超过 80%。

这一轮山西煤改让那些已经成规模的私营煤炭企业也有机会参与了资源的重新分配。这其中包括山西联盛集团董事局主席邢立斌。没错，就是那个因 "7000 万嫁女" 事件为人所熟知的邢立斌。于是这些人准备大干一场。2008 ～ 2012 年，像邢立斌这样赫赫有名的煤老板们均在加速扩张自己的煤炭帝国，他们四处并购，而资金均来源于各类融资。

然而这个看似最佳的机会，也成了煤炭行业的转折点！

让所有煤老板都没有想到的是，煤炭价格从 2012 年底开始大跌。到 12 月末，秦皇岛 5500 大卡市场煤平仓价每吨 630 元左右，比年初下降了约 170 元；而冶金煤价格较年初

普遍每吨下降 300 元至 400 元。

煤炭生产过剩是煤价下跌的直接原因。中国煤炭工业协会当年的通报称，2012 年末，煤炭企业存煤 8500 万吨，同比增加 3120 万吨，增长了 58%！

关 停

看着自己工作了几年的地方即将被关停，心中很是不舍。虽然心中不舍，但是身为煤矿企业的管理人员，他深知小煤矿开采规模小、安全条件和生产技术落后，灾害隐患严重，关停是大势所趋。

这种突如其来的变化对于大小煤企来说，真是十年生死两茫茫。以前的变化都是一波三折、有起有伏，遇到的苦难无非是整合、重组、监管，而这次好像是直挺挺地往下跌，不可见底。希望难以窥见！

2014 年和 2015 年是煤炭行业最难熬的两年。2014 年挖出的煤还能卖到每吨 290 元左右（开采一吨煤的成本是 200 元），但 2015 年却只能卖到每吨 100 元左右，那么这些埋在地下的煤炭是挖还是不挖呢？

对于仍在泥潭里挣扎的煤企来说，更希望 2016 年国家能够出台限采的政策，这样煤价便能上涨，可以度过难关。

事实上，山西省政府曾在 2013 年 8 月紧急出台过煤炭"救市 20 条"，内容包括暂停征收部分税费，着力解决煤炭企业金融信贷问题等多项措施。

但中国煤炭产业的困境并非一纸限产令就能解决，这是一个深层次的供求关系矛盾。所以，一个陷入绝境的问题是：中国已经步入产能过剩时代，煤炭开采的无序化导致供求

盛极而衰

煤价持续大跌率先重创的是包袱重、盘子大的煤老板。邢立斌便是其中典型代表。据相关报道，截至 2013 年 9 月底，邢立斌的联盛集团对外融资总额达 268 亿元。两个月后，联盛集团便因资金链断裂，提出重整申请。

库 存

截至 2015 年底，全国煤矿产能总规模为 57 亿吨，其中正常生产及改造的产能为 39 亿吨，新建及扩产的产能为 14.96 亿吨。而 2015 年全国的煤炭消费总量预计为 39.5 亿吨。这意味着全国煤炭产能过剩多达 17 亿吨。

关系严重失衡！这其实是中国传统企业的缩影啊！传统企业遇到危机的逻辑基本都是这样的：无序生产、盲目扩大、同质竞争……这种以不可再生资源为单一发展路径的做法是值得警醒的。在山西、陕西、内蒙古等地，因煤而兴亦因煤而衰的城市不在少数。

比如在昔阳县，高峰时期有八万福建人，占了当地人口的近三分之一。而现在外地人都走了。由于当地政府的财政收入几乎全来自于煤炭，现在连公务员工资都几乎发不出来。比如陕西神木县因煤矿常年入榜全国百强县，而现在的情况简直就像挨家挨户被洗劫了一次，让人恍如隔世。

受煤炭行业的影响，2015 年山西省 GDP 增速 3.1%，全国排名倒数第二……

2016 年初，国务院发布的一份《关于煤炭行业化解过剩产能的意见》规定：从 2016 年开始，用 3 至 5 年的时间，再退出产能 5 亿吨左右，减量重组 5 亿吨左右……3 年内原则上停止审批新建煤矿项目、新增产能的技术改造项目和产能核增项目；确需新建煤矿的，一律实行减量置换。

安全监管总局等部门已确定的 13 类落后小煤矿尽快依法关闭退出。产能小于 30 万吨 / 年且发生重大及以上安全生产责任事故的煤矿，产能 15 万吨 / 年及以下且发生较大及以上安全生产责任事故的煤矿，以及采用国家明令禁止使用的采煤方法、工艺且无法实施技术改造的煤矿，要在 1 至 3 年内淘汰。

也就是说国家的意见是坚决的：要坚定不移地淘汰落后产能！从根本上完成供给侧

煤炭传奇
MEITAN CHUANQI

矿区的冬天来到了，春天还很遥远。

改革！眼下政府必须阻止生产的无序化。这意味着什么？据媒体报道，截至目前我国年产30万吨以下的小煤矿还有7000多处，年产9万吨以下的有5000多处，它们将毫无悬念地出局！

以往，煤矿经济的背后，带来的权力寻租也是触目惊心的。很多煤企表面上看做的是煤炭生意，其实都是"权力生意"。它们就是千方百计地获取资源，比如土地出让权、采矿权、新业务申办权、项目采购权、财政补贴权、税收减免权、国企改制资产重组权等。无穷的审批造就无数的利益。

在中国经济正由"权力驱动"切换成"创新驱动"的大环境之下，未来最核心的竞争力是"创新"，而不是独占某种"资源"。那些因为掌握了某种资源就可以一本万利、坐享其成的年代一去不复返了！

创 新

　　创新驱动型经济是指那些从个人的创造力、技能和天分中获取发展动力的企业，以及那些通过对知识产权的开发创造潜在财富和就业机会的活动。

供给改革

推进供给侧结构性改革，需要长短并重，在战略上要始终坚持深化要素市场改革，从根本上释放经济社会活力，在战术上要抓住当前我国经济发展中存在的关键问题与突出矛盾，集中精力打好歼灭战。供给侧改革应重点打好以下五大歼灭战：去产能、去库存、去杠杆、降成本、补短板。

就在中国煤炭出现重大拐点、英国彻底告别煤炭的时候，人类和石油的关系也出现了重大转折，油价正在每桶20美元上下痛苦挣扎，已经有人在讨论人类停止开采、使用石油的时间表。

依靠资源去发展是大工业时代的思路，显然已经不再适用于这个以"创新"为灵魂的工业4.0时代。从2016年起，"煤老板"开始退出中国历史舞台。而这也是传统行业的缩影，它们一路走来，筚路蓝缕，曾经实现了辉煌。为了使中国延续这种辉煌，如今我们必须合力开启新的创新时代，推陈出新。

中国的发展，改变的是容颜，不变的是豪情。

煤炭的未来，转型的是用法，永恒的是光热。

后记

　　煤炭作为人类最早使用的化石能源，促进了第一次工业革命的发展，使人类社会步入了真正文明时代。煤炭也是我国一次能源的主体，特别是在新中国成立以后一直到改革开放相当长的时间里，煤炭工业承载了经济发展、社会进步和民族振兴的多重历史责任，发挥了不可磨灭的作用。

　　山西地质博物馆的矿产资源厅理所当然地把煤炭作为第一重要优势矿产给予了浓墨重彩的推介。在此基础上，出一本介绍煤炭科普知识的图书一直是我们由来已久的打算。然而我们发现不同历史时期、不同版本、不同篇幅介绍煤炭科普知识的图书已经不少，且都是从科学原理、技术常识、学术论述的角度对煤炭的性质、煤炭的生成、煤炭的开发、煤炭的利用、煤炭的前景进行深入浅出的介绍，可以说煤炭科普之树硕果累累。

　　此情此景，再加上当前网络社会信息化对纸质出版物的冲击，造成人们阅读习惯与观览兴趣的变移，怎样才能写出一本完全不同于以往专业科普图书，而又不失以煤炭为核心、以科普为纲目的新型读物呢？本书在这方面进行了有益的尝试：同样是讲述煤炭的性质与形成，我们避开了就事论事的俗套，以与主题相关的人文事件切入，以与科技相映的哲学故事深析，以与因果相衬的辩证推论走出……

本书初稿形成后，曾在《地球》《中国煤炭博览》等期刊上试登载，有热心的读者和专业人士给予了诸多肯定与修改建议，正式出版时得到地质出版社编辑们的悉心指导。并于 2017 年获得国土资源部颁发的"国土资源优秀科普图书"称号，这次重印又承蒙赵新富先生热心指正，在此一并致谢。

如前所述，本书是一本以人文情怀、哲学联想、辩证推演为基调的科普读物。作为一种写作尝试，不妥之处，敬请读者不吝指正。

王润福　史建儒

2018 年 5 月 18 日